微分積分のすべてがわかる本

科学雑学研究倶楽部 編

はじめに

本書は、「微分積分（びぶんせきぶん）の面白さを、多くの人に伝えたい！」という熱い思いから作られました。

「微分積分は昔勉強したけれども、何をやっているのかわからなかった」「苦手で、嫌いだった」という方はたくさんいます。

そういう方は、ぜひもう一度だけ、本書で微分積分と向き合ってみてください。

本書は、「前提知識ゼロ」のところから、微分積分の「本質」まで、一歩ずつ確実に、そして最短距離で進むことができるように作られています。

そして微分積分の「本質」にたどり着いたとき、「なんだ、微分積分って、そういうことだったのか！」といえるようになっているはずです。苦手意識は吹き飛んで、微分積分の面白さについて、まわりの人にしゃべりたくなるでしょう。

苦手な人が多い一方で、「高校で勉強したときから、微分積分は好きだった」という方も大勢います。そんな「微分積分ファン」の方にも、面白く読んでいただけるように、本書はいろいろと工夫をしています。

微分積分がどのように生まれ、応用されてきたのか、数学史や物理学史を経て、ロマン溢れる現代科学の最先端の理論まで、ワクワクするような話をたくさん紹介します。

そして、「まだ微分積分を勉強したことがない」という若い読者の方にも、ぜひ本書を楽しんでいただきたいと思っています。

本書の執筆チームには、「昔から数学が好きだったメンバー」も、「研究室で毎日、微分積分を使っているメンバー」も、「数学が苦手だったメンバー」もいます。そんなメンバー全員が、「10代の頃、こんな本に出会いたかった」と思える一冊になりました。

入門にも、再入門にも、本書を楽しく役立てていただけましたら幸いです。

科学雑学研究倶楽部

微分積分のすべてがわかる本

目次

第3章 積分とはどういうものか 65

$\int f(x)dx$

第8章 微分積分が支える量子論 205

イメージでつかむ微分積分

人間が複雑な現象に挑むための武器

微分積分は「役に立たない」のか？

◆人生で一度も使わない!?

「**微分積分**」と聞くと、「高校数学の一番難しいところ」というイメージが浮かんでくる人も多いと思います。それまで見たこともなかった、奇妙な記号や公式も出てくるので、「何をやっているのかよくわからない」と、苦手意識をもつ人も少なくありません。中には「微分積分なんか勉強しても、何の役にも立たない」と、憎まれ口をたたく人もいます。

たしかに、微分積分を理解しなくても、社会生活を送ることは十分できます。私たちが一般的な日常生活で行う計算は、だいたい「**＋**」「**－**」「**×**」「**÷**」でこと足りますので、「高校で微分積分の公式を習ったけれど、そのあとの人生では一度も使わなかった」という人が多いのも事実でしょう。

しかし、それだけで「役に立たない」と決めつけるのは、いささか早計（そうけい）です。

◆＋－×÷を超える最強の武器

じつは世界には、「＋」「－」「×」「÷」だけでは答えを出すことはおろか、考えることすらできないような事柄がたくさんあります。

現実世界（宇宙）に溢れかえる複雑な現象

▲微分積分は、「＋」「－」「×」「÷」だけでは計算できない複雑な現象を、「＋」「－」「×」「÷」で計算できるようにしてくれる強力な武器である。

の、ごく一部の「上澄(うわず)み」だけが、「＋」「－」「×」「÷」で計算できるようになっている、といってもよいでしょう。

微分積分とは、**「＋」「－」「×」「÷」だけでは歯が立たない現象を、「＋」「－」「×」「÷」で計算できるようにしてくれる、非常に便利な数学的道具**です（じつは、中学や高校で習うほかの単元もそうなのですが）。

数学だけでなく、物理学をはじめ、自然科学の多くの分野で「基本ツール」として用いられています。

微分積分は、高校数学で難しいテストを作るためのパズルでも、大学受験というゲームの「ボスキャラ」でもありません。**人間が複雑な世界の現象に向き合うための、最強の武器**のひとつなのです。

「÷」を超えて瞬間の変化をとらえるツール

「速度」「加速度」から微分をつかむ

◆位置・速度・加速度

「微分積分」とは、「微分」という方法と「積分」という方法をまとめて呼ぶ名称です。まずは「微分」のイメージをつかみましょう。

今、ラジコンカーを走らせたとします。ラジコンカーが「どこからどこまで走ったか」という**距離**、つまり**位置**の変化は、目で見ることができますし、メジャーなどで測定すれば「○○メートル」と数字で表せます。

では、「どれくらいの速さで走ったか」という**速度**はどうでしょうか。

「速いな」とは感じても、その「速さ」自体を見ることはできません。走った距離をかかった時間で割り、「1秒に何メートル走るか」（秒速）などと表すことを学校で習いますが、これはじつは、**大ざっぱにとらえた平均の速度**です。瞬間ごとの本当の速度は、「÷」だけの計算では出せません。

「どれほどの勢いで速度を上げたか」「どんな感じに遅くなって止まったか」といった**加速度**は、さらに見えにくくなります。速度の変化量を時間で割って「1秒の間にどれだけ速度が変化したか」といった形で加速度の数値を出すことは可能ですが、これも**大ざっぱにとらえた平均の加速度**でしかありません。

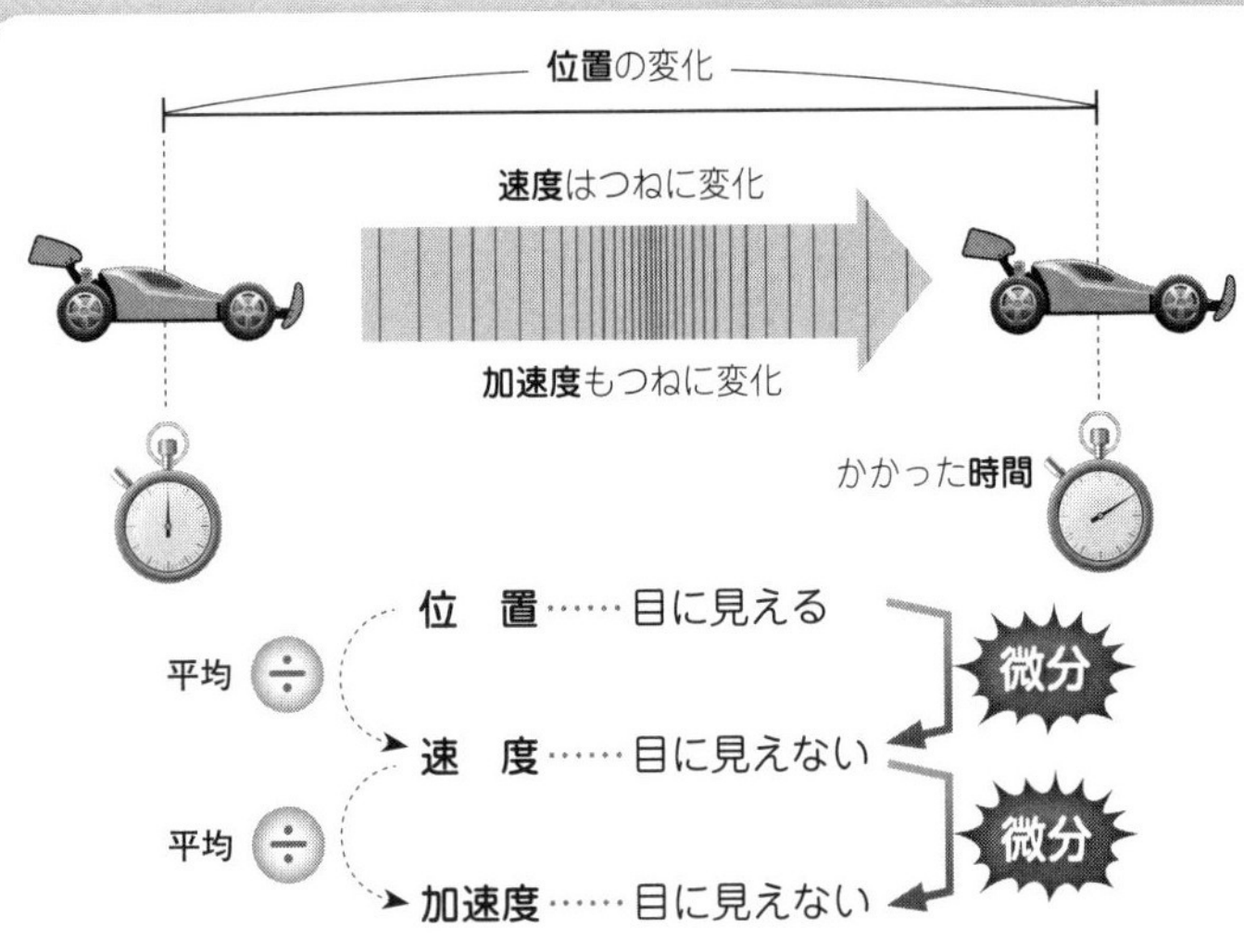

▲目に見えない「速度」や「加速度」は、「÷」を使っても大ざっぱな「平均」しか出せないが、「微分」を用いれば、「瞬間の速度」や「瞬間の加速度」を正確に知ることができる。

◆瞬間の変化をとらえる微分

ある瞬間にラジコンカーがもっていた、本当の速度や加速度は、目には見えませんし、「÷」の計算では出せません。「+」「−」「×」「÷」を組み合わせて計算できないかと知恵をしぼっても、まず思いつかないでしょう。

しかしじつは、長い数学の歴史の中で確立された、すばらしい方法があるのです。

その方法こそ、**微分**です。

微分を用いれば、目に見えるラジコンカーの位置から、目に見えない速度を割り出すことができます。さらに、速度を微分すれば、もっと見えない加速度がわかります。

微分とは、**目に見えない瞬間の変化を正確にとらえる**魔法のように便利な方法なのです。

変化しつづけるものを足し合わせる方法

「池の面積」から積分をつかむ

◆長方形のプールの面積

次に、「積分」のイメージをつかみましょう。

今、**長方形**の形をしたプールの**面積**を知りたいとします。縦の長さを測ると15メートル、横の長さは25メートルでした。すると面積は「**縦×横**」で、15×25＝375（平方メートル）というふうに計算できます。

これは、横の長さを1メートルずつに区切って15メートル×1メートルの細長い短冊（たんざく）のような区画を作り、それを25個集めた（25倍した）ことを意味します。このような「×」の計算が、面積を求めるときの基本です。

◆長方形ではないものの面積

しかし次に、**ひょうたん形の池**があり、その池の面積を知りたいときのことを考えます。

ある方向を「横」と決めて、端（はし）から端までの長さを測ったら、25メートルでした。では、「縦」の長さはどうでしょうか。「左端から1メートルの地点では、縦は3メートル」などと測定できるでしょうが、「横」方向に少しずれると、「縦」の長さが変わります。「**縦の長さは、絶えず変化している**のです。

こういうものの面積は、「×」だけでは出せません。どうすればよいのでしょうか？

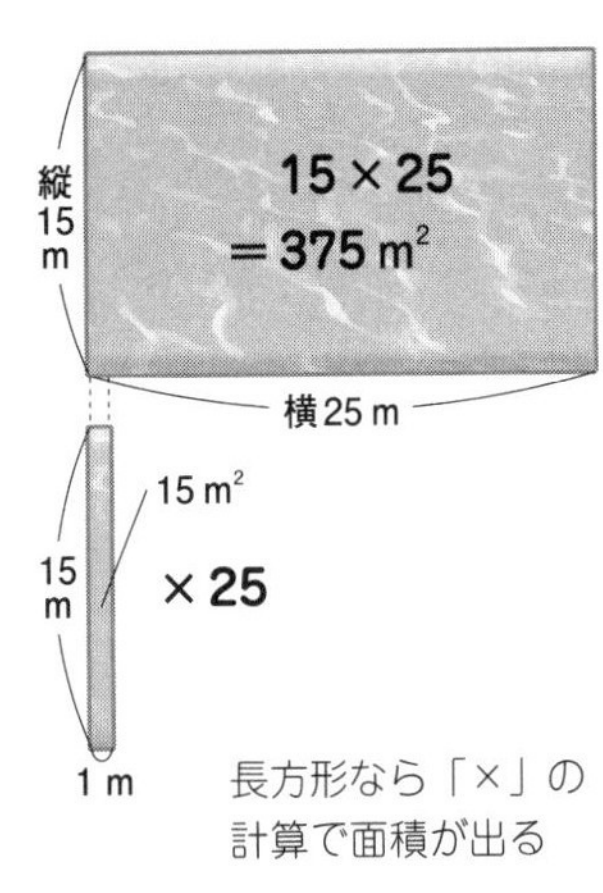

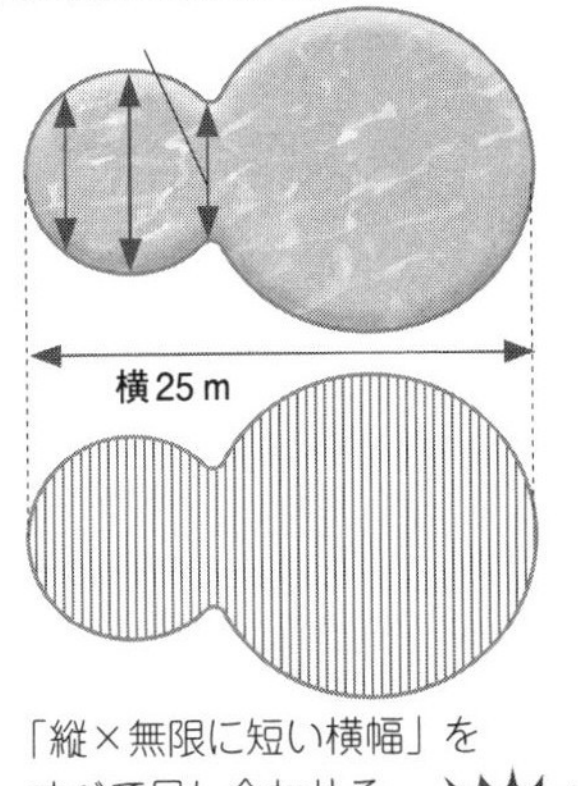

▲長方形のプールの面積は、「縦×横」で求められる。一方、縦の長さが絶えず変化するひょうたん形の池の面積を求めるには、「無限に短い横幅で、縦の長さが異なる短冊」を敷き詰め、それらをすべて足し合わせる、という操作を行う必要がある。その操作が「積分」である。

この難題を解決してくれるのが、**積分**です。

積分でも、普通のかけ算と同じように「細長い短冊を集める」と考えます。ただし、この短冊の横幅(よこはば)がポイントです。積分で使う短冊は、糸よりも細い、**無限に短い横幅**です。

その「無限に短い横幅の短冊」を、池の端から端まで、びっしり敷(し)き詰めることをイメージしてください。各短冊の縦方向は、それぞれの場所で池の端に合わせて切ります。

短冊それぞれの面積は、**「縦×（無限に短い）横」**のはずです。それを横方向に**すべて足し合わせる**ような操作ができれば、池全体の面積と同じになるはずです。

「無限に短い幅のものを、すべて足し合わせる」など、「＋」「－」「×」「÷」の常識を超えていますが、そんな方法が存在するのです。

04

「÷」と「×」の関係と同じ？

微分と積分は表裏一体！

◆互いに「逆」の関係

ここまで、微分と積分それぞれのイメージをお伝えしました。では、なぜこれらが「微分積分」とひとくくりにされるのでしょうか。

❶**微分**とは、**無限に短い幅（瞬間）**の変化を正確にとらえる方法です。❷**積分**とは、**無限に短い幅**のものをすべて足し合わせる方法です。そしてじつは、微分と積分は、**互いに「逆」の関係**なのです（**逆演算**といいます）。

どういうことなのか、12ページ（微分の説明）で例に出したラジコンカーの「位置」と「速度」の関係から考えてみましょう。

▼微分と積分は「逆演算」の関係にある。

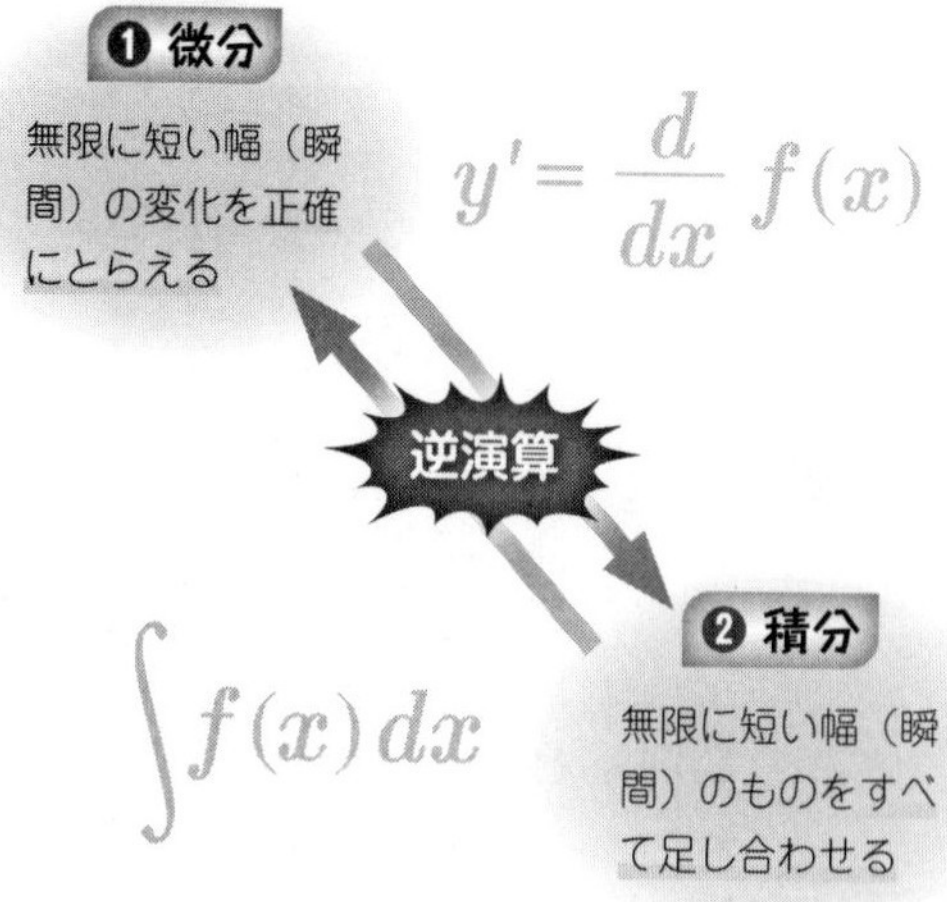

❶微分

無限に短い幅（瞬間）の変化を正確にとらえる

$$y' = \frac{d}{dx} f(x)$$

逆演算

❷積分

無限に短い幅（瞬間）のものをすべて足し合わせる

$$\int f(x)\,dx$$

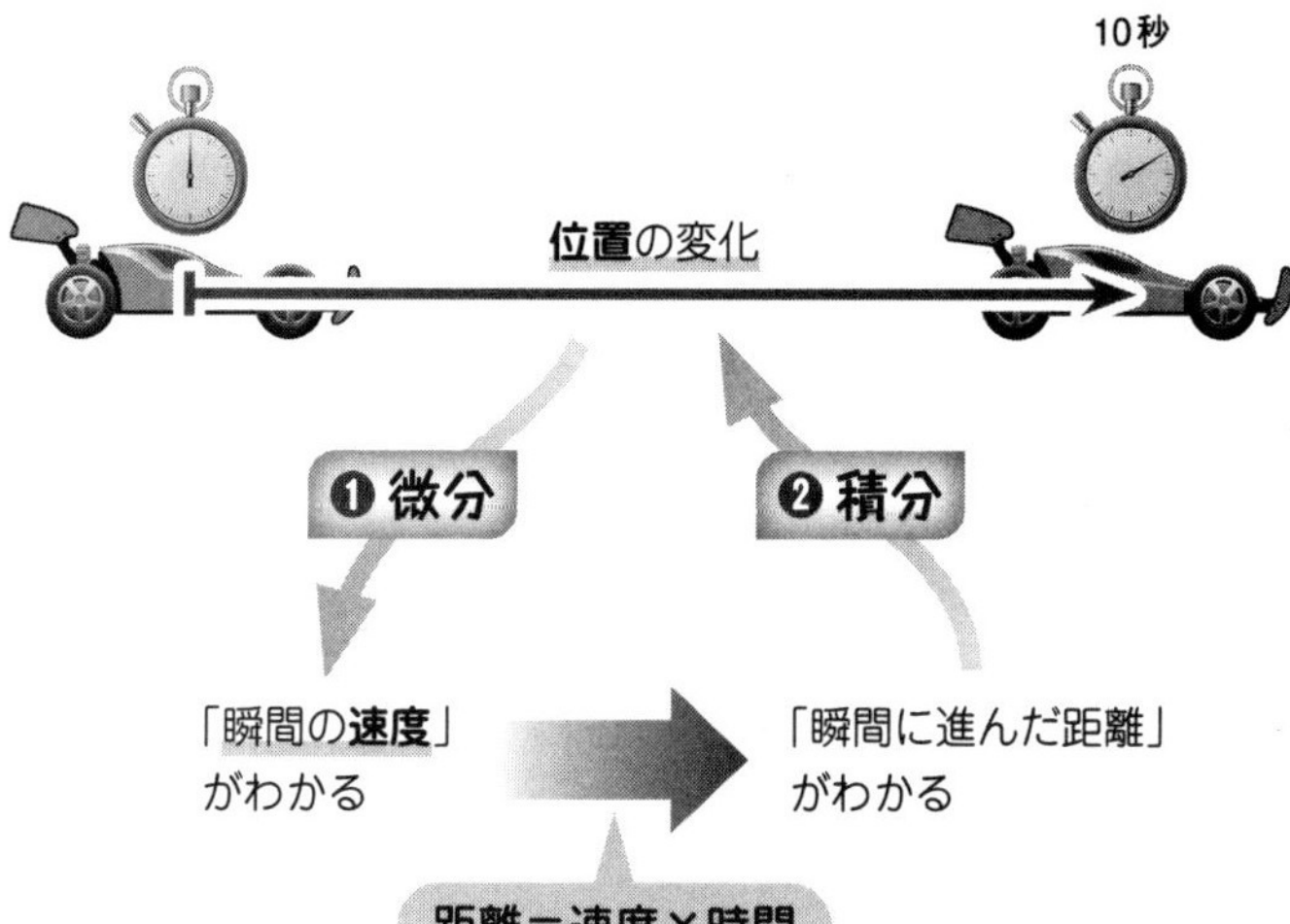

▲位置を微分すると速度になり、速度を積分すると位置に戻る。これは、微分と積分が「逆演算」だからである。

◆微分したものを積分する

ラジコンカーがたとえば10秒間走るとき、**時間**の経過にしたがって**位置**が変わります。その位置の変化を❶**微分**すると、瞬間ごとに変化する**速度**がわかるのでした。

ところで、速度がわかり、その速度でどれだけの時間進んだかがわかれば、「速度×時間」の計算によって、その時間で進んだ距離（位置）がわかります。ということは、「微分によってわかった、ある瞬間の速度」と、「無限に短い幅の時間（瞬間）」をかけ合わせれば、**「その瞬間に進んだ距離」**がわかるはずです。

そして、「瞬間に進んだ距離」を、ラジコンカーが走る10秒間のすべての瞬間について出して、足し合わせたとしたら、どうなるで

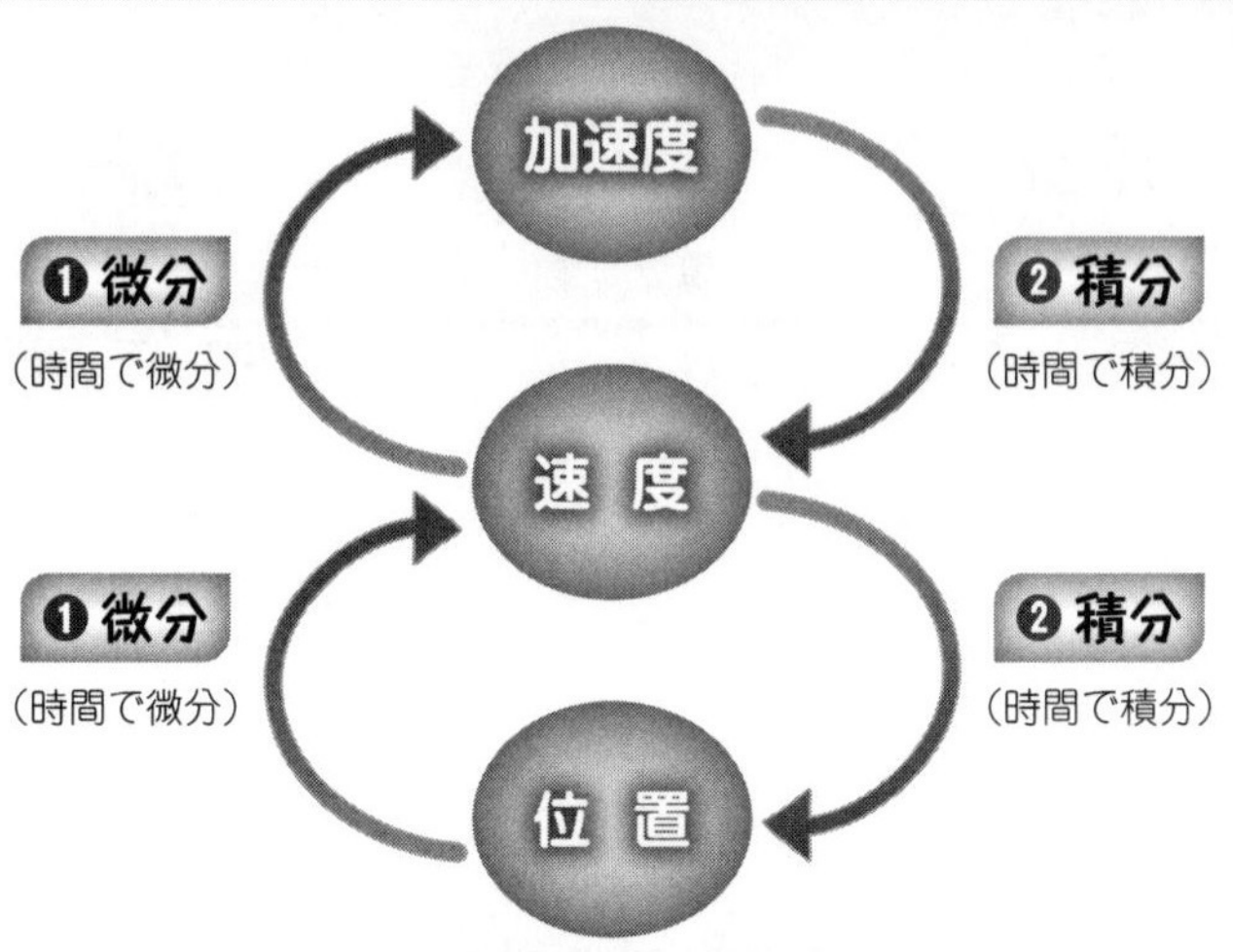

▲位置・速度・加速度の関係。位置の「ほんの一瞬での変化」（微分）は速度に、速度の「ほんの一瞬での変化」（微分）は加速度になる。逆に、加速度の「一瞬ごとの変化を足し合わせたもの」（積分）は速度に、速度の「一瞬ごとの変化を足し合わせたもの」（積分）は位置になる。

しょうか？　つまり、時間的には無限に短い幅の距離を、すべて足し合わせるのです。

これは**❷積分**です。この操作を行うと、10秒間のあらゆる瞬間に移動した距離が合計されるので、「ラジコンカーが10秒間で走った距離（位置）」がわかるはずです。

つまり、ラジコンカーの位置を❶微分すると速度になり、この速度を❷積分すると位置になったのです。**❶微分したものを❷積分すると、もとに戻る**というわけです。

これは、**速度**と**加速度**の関係でも成り立ちます（速度を❶微分すると加速度に、加速度を❷積分すると速度になります）。また逆に、❷積分したものを❶微分しても、もとに戻ります。これは、**❶微分と❷積分が逆であり、表裏一体である**からにほかなりません。

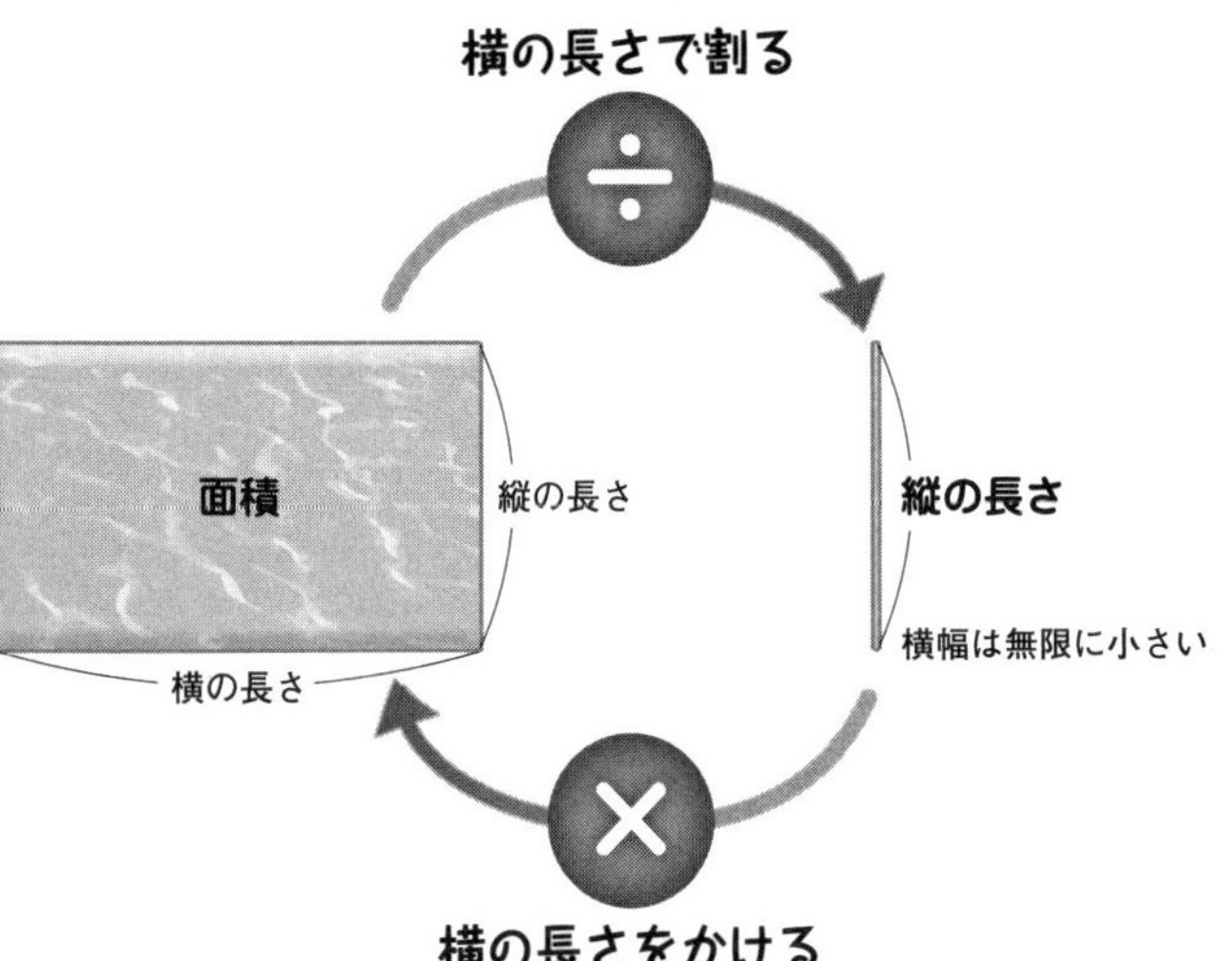

▲長方形の「面積」と「縦の長さ」の関係。「÷」したものを「×」するともとに戻るので、「÷」と「×」は「逆演算」だとわかる。

◆「÷」と「×」の関係から

この関係は、**「÷」と「×」の関係**に似ています。今度は、14ページ（積分の説明）で見た面積の例で考えましょう。

あるプールの面積375平方メートルを、横の長さ25メートルで割ると、縦の長さ15メートルが出ます。この縦の長さは、横幅が無限に小さい「線」としてイメージされます。

逆に、この縦の長さ15メートルに、横の長さ25メートルをかけると、もとの面積に戻ります。「÷」と「×」は「逆」なのです。

微分は「**÷では計算できないもの」を計算する方法**、積分は「**×では計算できないもの」を計算する方法**です。だから微分と積分の関係は、「÷」と「×」の関係と同じなのです。

COLUMN 01

役に立つ微分積分

微分積分は、受験生をふるいにかけるための難しい勉強でも、限られた分野でしか使われない特殊な公式でもなく、**「÷」や「×」よりも便利な計算のツール**です。

ですから、あらゆる分野でつねに使われ、役に立っていますし、その例はこの先の章でも紹介していきますが、ここでは少し、微分積分が役に立っているテクノロジーを挙げてみましょう。

たとえば、**自動車の自動運転**には、**微分**が用いられています。

ある時速（速度）で走りたいとき、「その速度に達するまでは加速度を大きくし、その速度に達したら加速度をゼロにする（速度の変化をなくす）」ようにコンピューターが制御するのですが、そこで用いられているのが微分なのです。

逆に**積分**は、**自動車の走行距離を測るメーター**に活かされています。

もし自動車が一定速度で走るのであれば、走行距離は単純な「速度×時間」の計算で導き出せますが、実際の自動車は加速と減速をくり返し、絶えず速度を変化させながら走っています。

そこで、時間を無限に短い幅（瞬間）に切り分けて速度のデータを計測し、瞬間ごとの「速度×無限に短い時間」を足し合わせることで、正確な走行距離を導き出しているというわけです。

微分とはどういうものか

ロケットの制御にも微分は使われている！

微分で「瞬間の変化」がわかる

◆**ロケットとミサイル**

この章では、「微分積分」の「微分」について、基本的な考え方を紹介します。まずは、微分についてのイメージをもっていただくため、ロケットとミサイルの話をしましょう。

ロケットを宇宙へ打ち上げるときには、垂直上向きに大きな力を加えます。物騒なたとえですが、その力を少し水平方向に分けると、**ミサイル**になることがわかるでしょうか？

「打ち上げるまで、どこに飛んでいくかわからない」といったことでは困ります。ロケットは「宇宙へ飛び出させるため」に、ミサイルは「目標地点に打ち込むため」に、位置や進行方向、速度を計算する必要があります。その計算を間違えると、ロケットもミサイルも、役立たずになってしまいます。

そしてじつは、この計算で使われる数学的な方法が、**微分積分**です。

◆**瞬間の変化を知る**

第1章でも述べましたが（12ページ参照）、**微分**（**微分法**）とはイメージ的にいうと、**変化しつづけるものの「ある瞬間の変化の仕方」を、正確に知るための方法**です。

▲微分を用いれば、飛んでいくロケットの「ある瞬間の変化」も計算することができる。

ロケットやミサイルは、重力の影響を受けながら飛んでいき、その運動の仕方は、瞬間ごとに変わっていきます。

微分を用いれば、その瞬間ごとの変化を、一挙に把握することができます。

重力の影響や、飛ばす物体の最高速度、発射角度などは事前にわかっています。そうした情報を用いて、微分という操作を行えば、「どの高度で、どれだけ噴射を強めれば、重力に打ち勝つのか」や、「ある位置でどの方向にどの速度が出ていれば、予定どおり目標地点に到達するのか」を、あらかじめ計算できるのです。

瞬間ごとに移り変わっていく、普通は目に見えないものを、はっきり見える形にしてくれる強力な数学的方法が、微分だといえます。

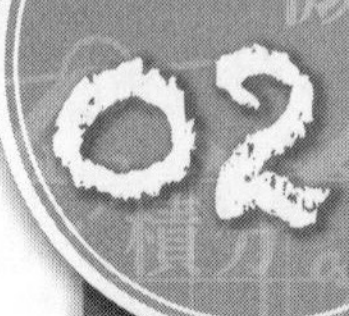

「わかっていない情報」を割り出す装置

「方程式」とはこういうことだった

◆「数学の世界」の中で微分に近づく

これから、「微分」という考え方の本質に、一歩ずつ近づいていきましょう。

微分は数学上の考え方ですから、本質的にはどうしても、「数学の世界」の中で近づいていかなければなりません。数学から「逃げて」いては、微分の本質はわからないのです。

読者の中には、「数学的な用語や記号や式が出てきただけで、ウッと苦しくなる」という方もいらっしゃるでしょう。

しかし、安心してください。本書では、微分と積分の本質にたどり着くまで、**数学の基本的な考え方を、ゼロからわかりやすく説明**していきます。「数学の世界」から「逃げる」のではなく、**ラクラクと正面突破**する形で、微分と積分の本質までお連れします。

◆「微分」の本質への行程

さて、この章の目標である微分とは、**変化しつづけるものの「ある瞬間の変化の仕方」を知る**方法です。

ですから、「微分とは何か」を理解するには、その前段階として、**「変化しつづけるもの」**にアプローチする必要があります。

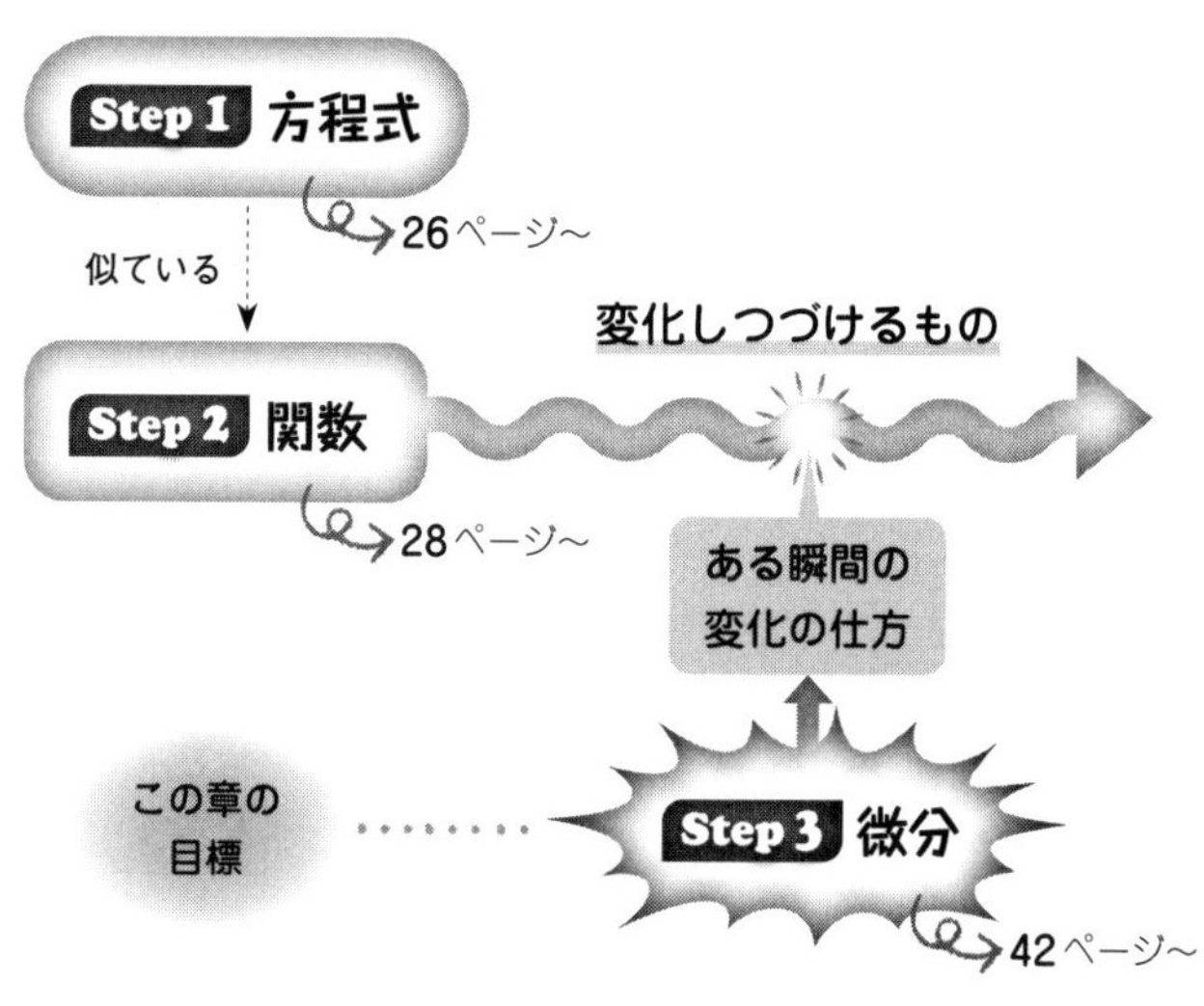

▲この章では、「方程式」から入り、「関数」を経て「微分」を理解する。

「変化しつづけるもの」は、数学の世界では、**関数**（かんすう）と呼ばれます。目標である「微分の本質」に到達するには、「関数の本質」という中間地点を経なければいけません。

そして、関数を理解するためには、**方程式**（ほうていしき）という入り口から入っていくのがよいでしょう。「関数」と「方程式」は、ある意味よく似ていて、区別がついていない人も多いのですが、だからこそ、「方程式の本質」から「数学の世界」に入っていくことで、「関数の本質」も納得しやすくなるはずです。

つまりこの章では、「**方程式→関数→微分**」という行程で、微分の本質へと迫っていきます。一歩ずつ理解しながら進んでいただければ、必ず目標にたどり着けますので、安心して進んでいってください。

◆「方程式」とは何か

では、**方程式の本質**から見ていきましょう。

「方程式」という仰々(ぎょうぎょう)しい名称に、何となく苦手意識をもっている人も少なくありませんが、「方程式とは、そもそも何なのか」を押さえれば、難しいものではありません。

方程式とは、「**わかっていない情報**」**の正体を理詰(りづ)めで割り出す**、とても便利な方法です。

たとえば、あるグループについて、Ⓐ「男性と女性合わせて40人」、Ⓑ「女性のほうが男性よりも10人多い」というふたつの情報をもっていたとします（下図）。

ここで、男性と女性の具体的な人数が知りたいとき、方程式を使います。

▼「わかっていない情報」（未知の数量）があって、それを知りたいときは、「方程式」を立てて、それを「解く」ことができればよい。

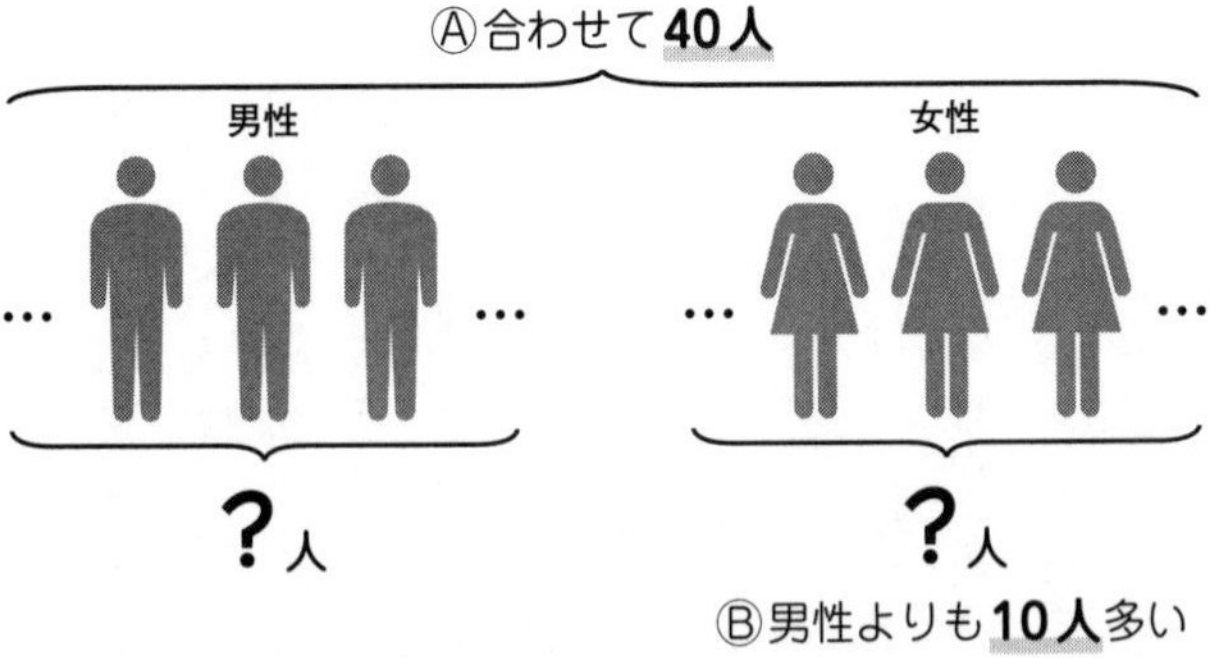

未知数

男性の人数を x人 とおくと,

女性の人数は，Ⓑより $(x+10)$ 人。

Ⓐより，　$x+(x+10)=40$　…①

$2x+10=40$

両辺から -10

$2x=30$

両辺 $\div 2$

$x=15$

この形を作ることが「**方程式を解く**」こと

よって，男性15人，女性25人　…(答)

▲Ⓐ「男性と女性合わせて 40 人」、Ⓑ「女性のほうが男性よりも 10 人多い」というふたつの情報から、「男性の人数」と「女性の人数」という未知の情報を割り出したいときの、方程式の立て方と解き方。

◆方程式の立て方と解き方

まず、具体的な数字で「○人」といえない男性の人数を、**文字を使って「x人」とおきます**。このxは、「まだわかっていない数」なので、**未知数**（みちすう）といいます。

女性の人数は、Ⓑから「x＋10人」と表せます。そしてⒶから、全体の人数について、図の①のような式が作れます。これこそが、方程式です。

この方程式を上図のように解くと、知りたかった「男性と女性の人数」がわかります。**「方程式を解く」**とは、**「x＝」という形に変形**して、未知数が具体的にどういう値になるのかを割り出すことです。

方程式の本質は、たったこれだけです。

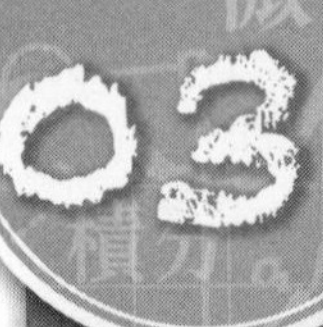

「関数」は仕組みを知れば怖くない

入力されると出力を返すコンピューター

◆関数と方程式の違い

「微分」に至る行程の入り口である「方程式」を押さえましたので、次は、中間地点である「関数」の話に移ります。

たとえば、あるイベントを開催(かいさい)するにあたって、当日の飛び入り参加にも対応できるよう、「予約人数よりも10脚(きゃく)多くイスを用意する」というルールを決めたとしましょう。

このルールは、予約人数を「x人」、用意するイスの数を「y脚」とおくと、次のような式で表すことができます。

$$y = x + 10$$

▼「予約人数よりも 10 脚多くイスを用意する」というルールで、予約人数を「x人」、用意するイスの数を全部で「y脚」としたときの、xとyの「関係」。

用意するイス

y脚

$y = x + 10$

予約人数分

x脚

飛び入り参加者分

10脚

予約人数よりも10脚多くイスを用意する

*x*人とおく　　　*y*脚とおく

$$y = x + 10$$

変数　変数　定数

出力　入力

たとえば，予約人数が50人だとわかれば，

$$y = 50 + 10 = 60$$

よって，イスは60脚用意すればよい。

▲「関数」の考え方。xとyというふたつの「変数」の間に何らかの「関係」があるとき、xに具体的な値を「入力」すると、それに対応する具体的な値がyとして「出力」される。

この式は、「予約人数」という数（x）と、「イスの脚数」という別の数（y）との間に成立する**「関係」を表現**しています。

これが**関数**です。

具体的な数字で表せないところを、「x人」といった文字で表しているのは、方程式と同様です。しかし、方程式は「x＝」の形にすると「15」（人）というように正体がわかったのに、今回は「x＝」の形にしても、具体的な数値がわかりません。おかれている文字がxだけでなく、yもあるからです。

◆計算装置としての関数

関数は、方程式のように「解く」ことができませんが、別の便利さをもっています。

関数 $y = x + 10$ を、**コンピューターのようなもの**だとイメージしてみてください。

そして、たとえば参加予約の人数が「50人」だとわかったとしたら、このコンピューターに「$x = 50$」を**入力**（インプット）します。すると、コンピューターの内部で「$y = 50 + 10$」が計算され、「$y = 60$」が**出力**（アウトプット）されます。つまり、「60脚イスを用意すればよい」と、機械的にわかるのです（29ページの図参照）。

このように、関数は**入力と出力の関係**なので、状況に合わせて変化し、そのときどきの知りたい数量を教えてくれます。

このとき、x と y のような「ひとつに定まらない数量」を、「未知数」ではなく、**変数**（へんすう）といいます。これに対して、10のような決まった数量を、**定数**（ていすう）といいます。

一般に、**一方の変数 x の値が決まると、もう一方の変数 y の値がただひとつ決まる**とき、**「y は x の関数である」**といい、

$$y = f(x)$$

のように表します。

ここで出てきた f は、「関数」を意味する言葉「function」の頭文字から作られた記号です。$f(x)$ の部分が「x の関数」を表しており、「$y =$」と合わせて「y は x の関数である」という意味になります。

そしてたとえば、「x に50を入力すると、y として60が出力される」ことは、

$$f(50) = 60$$

のように表記されます。また、x などの変数に、具体的な値を入力することを、**代入**（だいにゅう）といいます。関数の本質は、これだけです。

$\boldsymbol{x}$の値が決まると，
それに対応する$\boldsymbol{y}$の値がただひとつに決まる
⇒ $\boldsymbol{y}$は$\boldsymbol{x}$の**関数**である

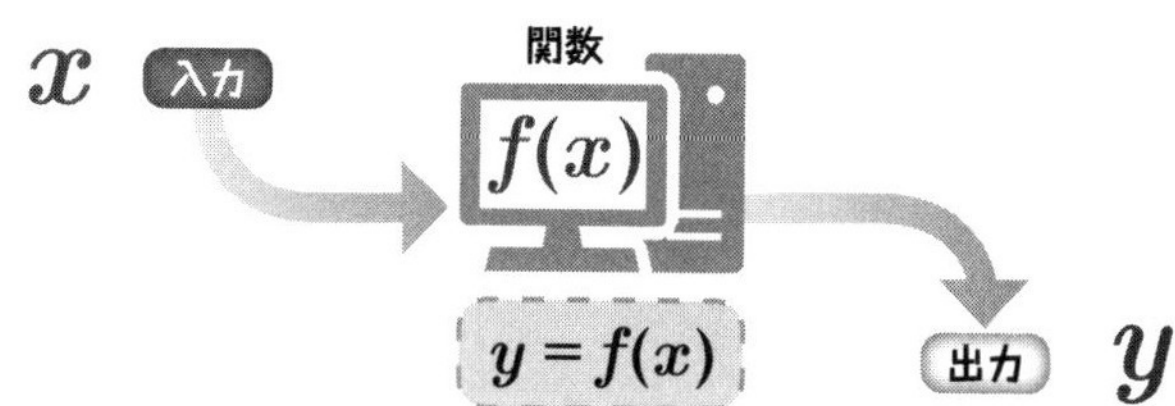

たとえば，$y = f(x) = x + 10$のとき，

$x = 50$を入力（代入）すると，

$$y = f(50) = 50 + 10 = 60$$

▲関数は、xを入力するとyを出力してくれるコンピューターのようなものである。

◆「変化しつづけるもの」としての関数

まとめると、関数 $y=f(x)$ は、「ふたつの変数 x と y の間に何らかの関係があり、入力される変数 x が変化すると、それにともなって、出力される変数 y も変化しつづける」ということを意味しています。

この「変化しつづける」というところが重要です。

この章の目標は、**「変化しつづけるもの」の「ある瞬間の変化の仕方」を知る方法**（微分の本質）に迫ることでした。そこに至る足がかりとなる**「変化しつづけるもの」**が、数学的には関数であることがわかったのです。

ですからこの先は、**関数の「変化」について考えていけばよい**でしょう。

関数を「見える化」してくれる強力なツール

座標平面とグラフ

◆座標平面

関数において、「xにどんな数を代入するか」で、yとして出力される数は**変化**していきます。

その変化を、数字と文字と記号だけの式よりも、直観的にとらえられるようにしてくれるツールがあります。**座標平面**というものです。

そもそも、数を「目に見える形」にする強力なツールとしては、**数直線**があります。この数直線を、xとyについて1本ずつ用意し、xの数直線（**x軸**）を水平方向に、yの数直線（**y軸**）を垂直方向に伸びるように組み合わせたものが、**x - y平面**と呼ばれる座標平面です。

x軸とy軸が垂直に交差する点は、xもyもゼロであり、**原点**と呼ばれます。

◆座標とグラフ

この平面上にあるすべての点は、対応するxの値とyの値の組をもっています（それらの値を**座標**といいます）。逆に、あらゆるxとyの値の組み合わせを、この平面上の点として表すことができます。

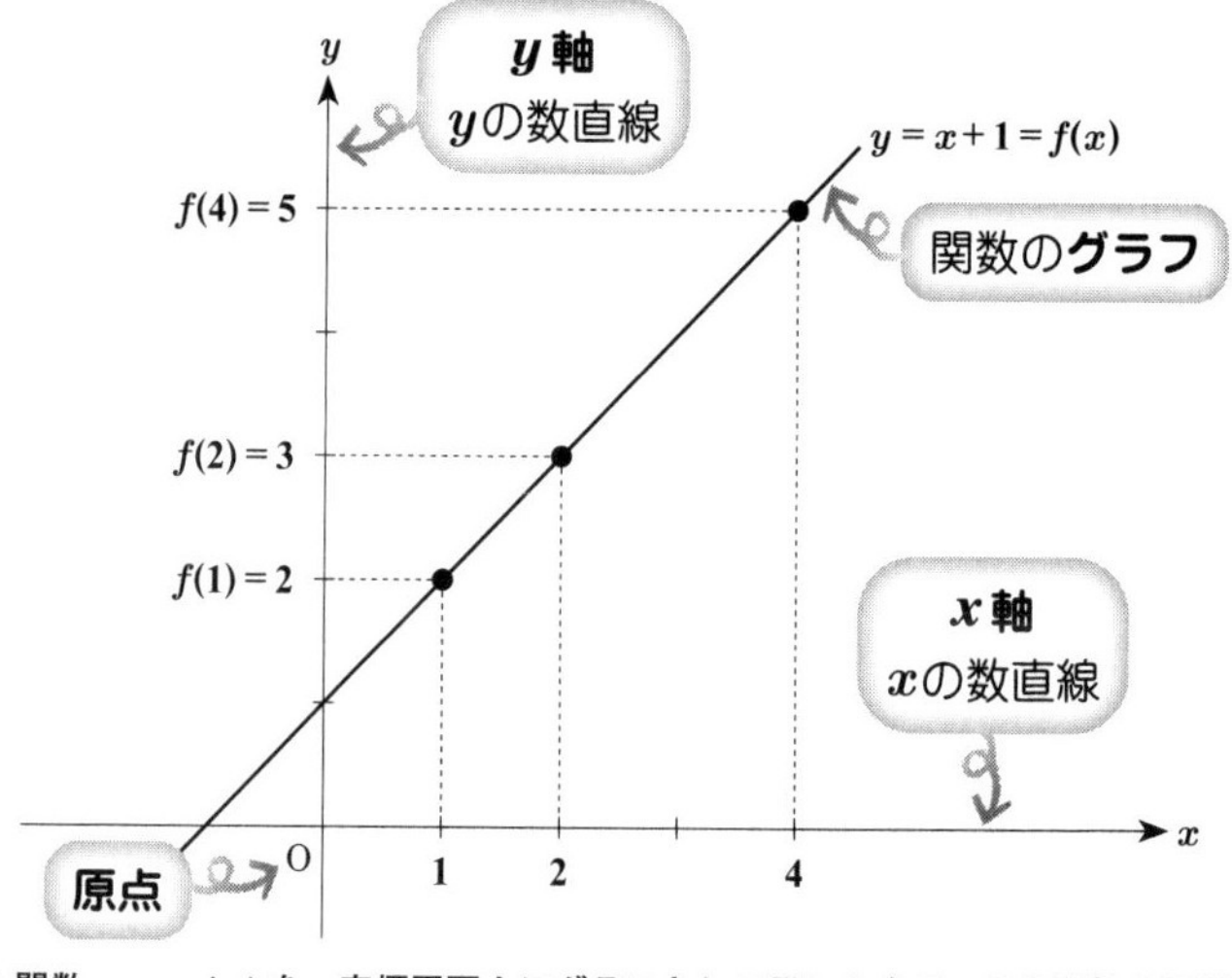

▲関数 $y = x + 1$ を、座標平面上にグラフとして示したもの。この関数を表現した右上がりのグラフは、「x が増加すると、それにともなって y も増加する」という「変化」を、ひと目でわかる形で表している。

どういうことか、関数とからめて見てみましょう。

今、$y = x + 1$ という関数があったとします。x 座標が1のとき、y 座標は $f(1) = 2$ です。この座標を表す点は、x 軸上の1の点から x 軸に垂直に伸ばした線と、y 軸上の2の点から y 軸に垂直に伸ばした線の交点（交わる点）として記すことができます。

同様にして、x が2で y が3の点、x が4で y が5の点などを、座標平面上にどんどん打っていくと、上の図のような線になります。この線を、関数 $y = x + 1$ の**グラフ**といいます。

座標平面を使ったグラフは、**関数の入力と出力の関係**、そして**変化を目に見える形にしてくれる**、とても便利なものです。

05

1次関数と変化の割合

「傾き」をもった直線としてグラフ化される

◆変化の仕方が単純な関数

ここからは、「**変化の仕方が単純な関数**」から「**変化の仕方が複雑な関数**」へと話を進めることで、「微分という考え方がなぜ必要になるのか」「微分という考え方がどのように生まれるのか」を説明したいと思います。

まずは、「変化の仕方が単純な関数」を取り上げましょう。

じつは、これまで「関数」の例として出してきた $y=x+10$ や $y=x+1$ は、変化の仕方がとりわけ単純な関数なのです。これらは特に、**1次関数**(じかんすう)と呼ばれます。

▼特に方程式や関数で、入力の変数 x などが「何乗になっているか」を、「次数」という。次数が1の関数を、「1次関数」という。

累乗

$$\underbrace{2\times2\times2}_{3回分かける}=2^{③}$$

指数

「2の3乗」

関数

$$y = x + 10$$

$x = x^1$ → 1次(次数が1)

◆1次関数の「1次」とは

この「1次関数」という名称を理解していただくために、累乗の考え方から説明します。

「累乗」とは、同じ数を何度もかけ合わせることです。たとえば、2という数を3回分かける場合、2×2×2という計算になりますが、これを「2の3乗」といいます。

「2の3乗」は、2^3と簡潔に表現できます。「かけ合わされる数」(2)の右肩に、小さい数字として「かけ合わされる回数」(3)が乗っています。この「かけ合わされる回数」を表す右肩の数字を、**指数**といいます。

そして、特に**方程式や関数**で、入力の変数xなどの指数のことを、**次数**と呼びます。

これをふまえて、$y = x + 10$や$y = x + 1$の関数を表す式の、「xがらみの部分」を見てましょう。どちらも「x」だけで、右肩に数字(指数)がありません。これは、本当はx^1なのですが、1乗はわざわざ表記する必要がないため、xだけになっているのです。つまり、これらの関数の次数は1です。

そして、「次数が1の関数」を、「1次関数」と呼ぶのです。

1次関数のグラフを描くと、33ページの図のように、**直線**の形になります。どんな1次関数でも、入力と出力が対応する点を座標平面上に打っていくと、必ず直線になるのです。このことは、1次関数が「変化の仕方が単純な関数」であることを示しています。

あらためて、ひとつの1次関数を使い、その「変化の仕方」について考えてみましょう。

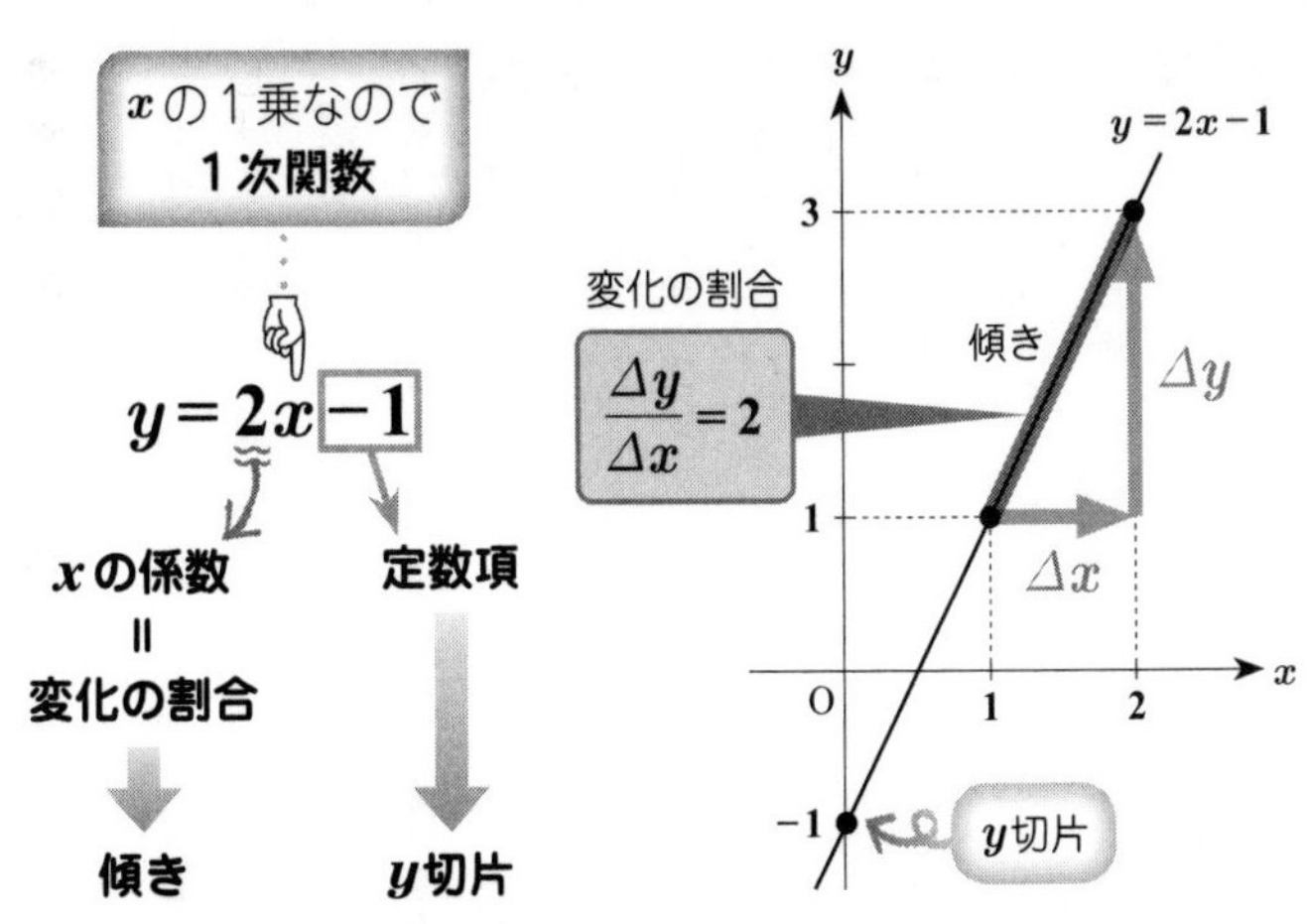

▲左は1次関数の式であり、これをグラフにすると、右のような直線となる。左の式の x の係数は「変化の割合」であり、直線の「傾き」でもある。変化の割合（グラフの傾き）と定数項（y 切片）が決まれば、グラフの形は決まる。

◆ x の係数

1次関数 $y=f(x)$ で、

$$f(x)=2x-1 \quad \cdots\cdots ①$$

のときのグラフについて考えてみます。つまり、$y=2x-1$ です。

この式の特徴のひとつは、変数 x とも y とも関係のない（**定数項**といいます）「-1」の部分です。これは、x にゼロを代入したときの y の値であり、図としては、関数のグラフと y 軸の交点の座標（y 座標）になります（この交点を **y 切片**といいます）。

もうひとつの特徴は、x の前の「2」です。「$2x$」とは「$2\times x$」の省略表現です。x の前につく数字は、「x を何倍するか」を表します。このような数字を、x の**係数**といいます。

◆変化の割合と傾き

1次関数の x の係数の意味を考えてみましょう。

式①の x に1を代入すると、$y = f(1) = 1$ です。x に2を代入すると、$y = f(2) = 3$ になります。x が1増えるごとに、y は2ずつ増えています。

ここで、**x の増加量**（どれだけ増えたか）を**Δx**（デルタエックス）、**y の増加量**を**Δy**（デルタワイ）と表すことにしましょう。この関数の場合、**Δy を Δx で割った値**は2になります。

じつはこの2が、x の係数の2なのです。

Δy を Δx で割った値、つまり、「**x の増加量に対して y の増加量がどれくらいか**」を、**変化の割合**といいます。これは1次関数の式では、**x の係数**として現れます。

そして変化の割合は、グラフ上には「x 軸方向に1進む間に、y 軸方向に2進む」というふうに、**直線の傾き**として表現されます。

ひとつの1次関数では、x の係数は一定です。たとえば①では、x の係数はつねに2であり、変わることはない、ということです。ですから、**1次関数の変化の割合は、つねに一定**です。

そして、変化の割合が一定だからこそ、1次関数のグラフは「つねに一定の傾きをもつ単純な図形」、すなわち直線になるのです。

ここまでをまとめましょう。1次関数では、「変化の割合」と「x の係数」と「グラフ（直線）の傾き」が一致します。この事実は、1次関数の「変化の割合」の単純さを意味します。

グラフは放物線の形になる

2次関数と平均変化率

◆2次関数

「微分はなぜ必要になるのか」を知るために、**「変化の仕方が複雑な関数」**へと話を進めます。

関数 $y = f(x)$ で、たとえば $f(x) = 2x - 1$ のように x の次数が1次であるとき、1次関数というのでしたが、同じ理屈で、たとえば $f(x) = x^2$ のように、x の次数が2次であれば、**2次関数**といいます。

たとえば $f(x) = 2x^2 + 3x - 5$ のように、x^2 の前に係数がついていたり、x の1乗の部分（**項**）や定数項があったりしても、x の次数が一番高い項（ここでは「$2x^2$」）が2次であれば、2次関数と呼びます。

◆2次関数のグラフは放物線

最も単純な2次関数として、

$$y = x^2$$

を考えてみます。この式は「入力する x の値を**2乗**すると、y の値となって出力される」という意味です。x が1なら y は1、x が2なら y は4、x が3なら y は9です。

x 座標がマイナスのときはどうでしょうか。**マイナスの数を2乗するとプラスに変わる**ので、x が−1のとき y は1、x が−2のと

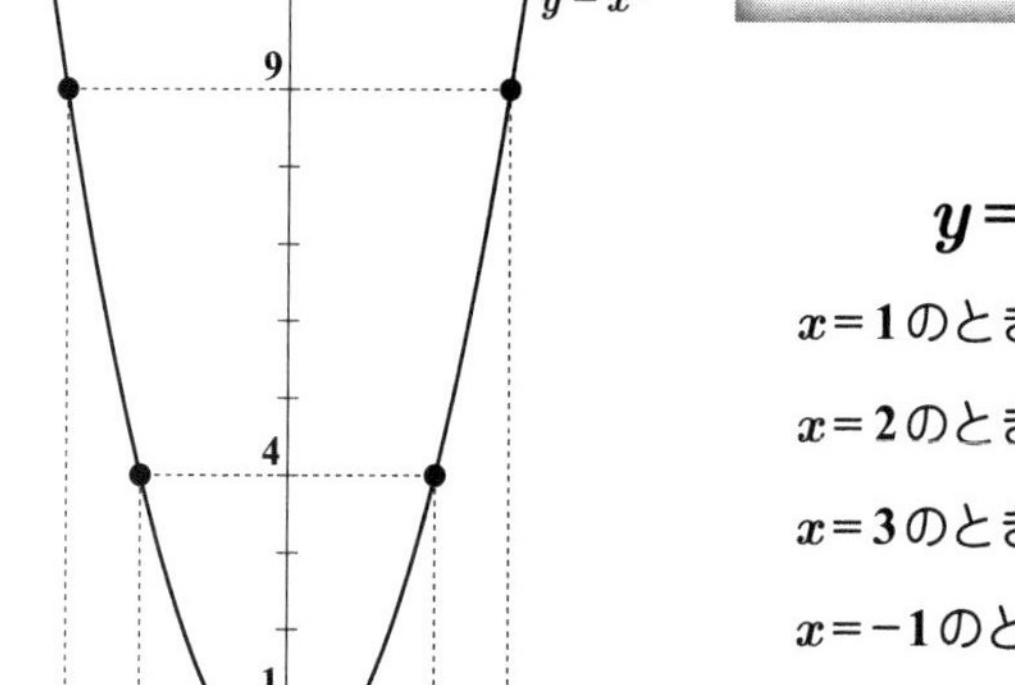

$$y=x^2$$

$x=1$のとき　$y=1$

$x=2$のとき　$y=4$

$x=3$のとき　$y=9$

$x=-1$のとき　$y=1$

$x=-2$のとき　$y=4$

$x=-3$のとき　$y=9$

▲「2次関数」の式（ここでは$y=x^2$）に、具体的なxの値を代入し、それぞれに対応するyの値を計算して、座標平面上に点を打ってつなげると、「放物線」の形になる。

きyは4、xが−3のときyは9となります。

このように、x座標に対応するy座標を調べ、座標平面上に点を打っていきます。それをつなぐと、図のような形になります。放り投げられた物体が描く軌跡（を逆さまにした形）に似ているので、**放物線**（ほうぶつせん）と呼ばれます。

1次関数のグラフが必ず直線になったのと同じように、2次関数のグラフは、大きさや位置、上開きと下開きの違いはあっても、すべて放物線になります。

これは「理屈」というよりも、「2乗」という数にまつわる「事実」だと思ったほうがよいでしょう。どんな2次関数でも、実際に座標を調べて点を打ち、つないでいけば放物線になりますので、もし興味があったら、確かめてみてください。

◆より複雑な「変化の仕方」

1次関数では、yの増加量Δyをxの増加量Δxで割った**変化の割合**は、どの範囲を取っても一定となります。

それはグラフ的には、「つねに一定の傾きをもつ単純な図形」すなわち直線であることを意味したのでした。

しかし、2次関数のグラフは「つねに一定の傾きをもつ直線」ではなく、曲線です。

そのことはいってみれば、**2次関数では変化の割合が一定ではなく、つねに変化しつづけている**ことを意味します。

つまり2次関数は、**1次関数よりも「変化の仕方」が複雑**な関数なのです。

それでも、何とかして2次関数の「変化の仕方」を知りたいとしたら、どうすればよいでしょうか？

とりあえず、1次関数のときに身につけた方法を用いて、2次関数でも「xがある程度変化する間に、yがどれだけ変化するか」を調べてみましょう。

◆平均変化率

$y=f(x)$のグラフ上の2点A、Bの間で、関数の「変化の仕方」を考えるとします。

1次関数の変化の割合を求めたときと同じように、Δy（yの増加量）をΔx（xの増加量）で割ると、「点Aから点Bまでの間で、xの変化に対してyはどれほど変化したか」という割合が計算できるでしょう。

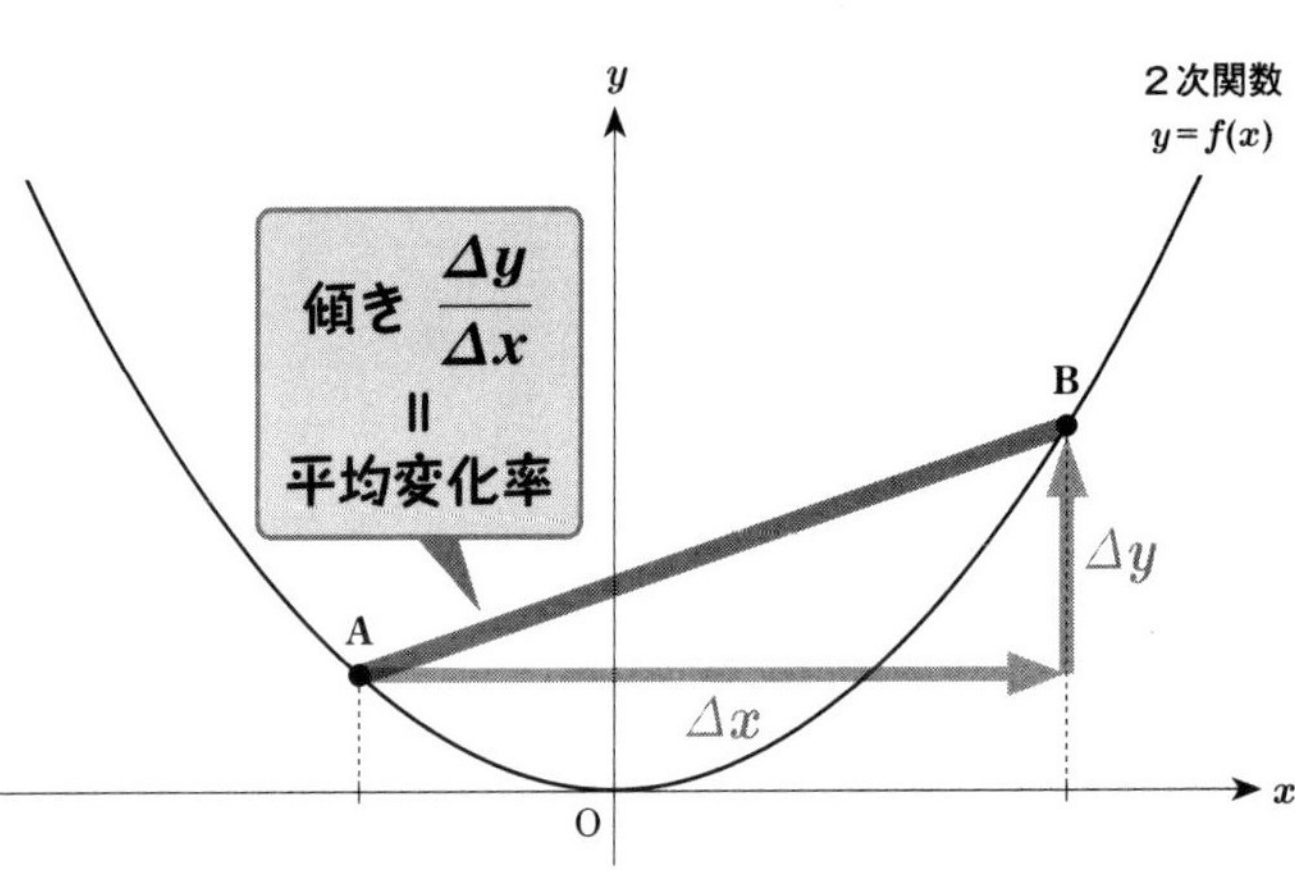

▲2次関数のグラフは直線ではないので「傾き」はないが、「点Aから点Bまでの間」と範囲を決めて、その範囲での Δy（yの増加量）を Δx（xの増加量）で割れば、「平均変化率」を求めることはできる。この平均変化率とは、直線ABの傾きである。これから「微分」を導いていくとき、この平均変化率が重要になる。

この値を、2点AB間での**平均変化率**（へいきんへんかりつ）といいます。この平均変化率は、グラフ的には、直線ABの傾きを意味します。

しかし上図のとおり、直線ABは、2次関数 $y=f(x)$ のグラフとは一致しません。

平均変化率は、「点Aから点Bまでの間」という限定された範囲での変化を、大ざっぱに「平均」した値でしかありません。**つねに変化しつづけている2次関数の「変化の仕方」**を、しっかり把握できるような考え方ではないのです。

「変化しつづけるもの」の本当の「変化の仕方」を、正確に知りたい――そう、ここに、新しい考え方が必要になり、**微分が生まれる**ことになるのです。いよいよ次から、微分の本質に迫っていきます。

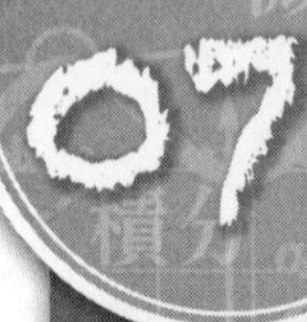

「無限小の幅」に注目せよ

変化するための見えない力は「接線の傾き」

◆グラフ上の2点を近づけていく

2次関数 $y=f(x)$ において、点Aと点Bの間の**平均変化率**とは、**直線ABの傾き**のことであり、直線ABは、$y=f(x)$ のグラフ（放物線）とはズレているのでした。

しかし、下図のように点Bを点Aに近づけていくと、直線ABと放物線 $y=f(x)$ とのズレは、小さくなっていきます。そして**点Aと点Bとの間の距離がほとんどなくなり、点Aと点Bがほぼ重なるとき**、その**限りなく小さい幅**の間だけを見れば、放物線 $y=f(x)$ は、直線ABと一致するはずです。

▼2次関数 $y=f(x)$ のグラフ上に2点ABを取る。点Bを点Aに近づけていくとき、ABを結んだ直線（厳密にいうと「線分」）を見ると、2次関数のグラフとのズレが小さくなっていく。

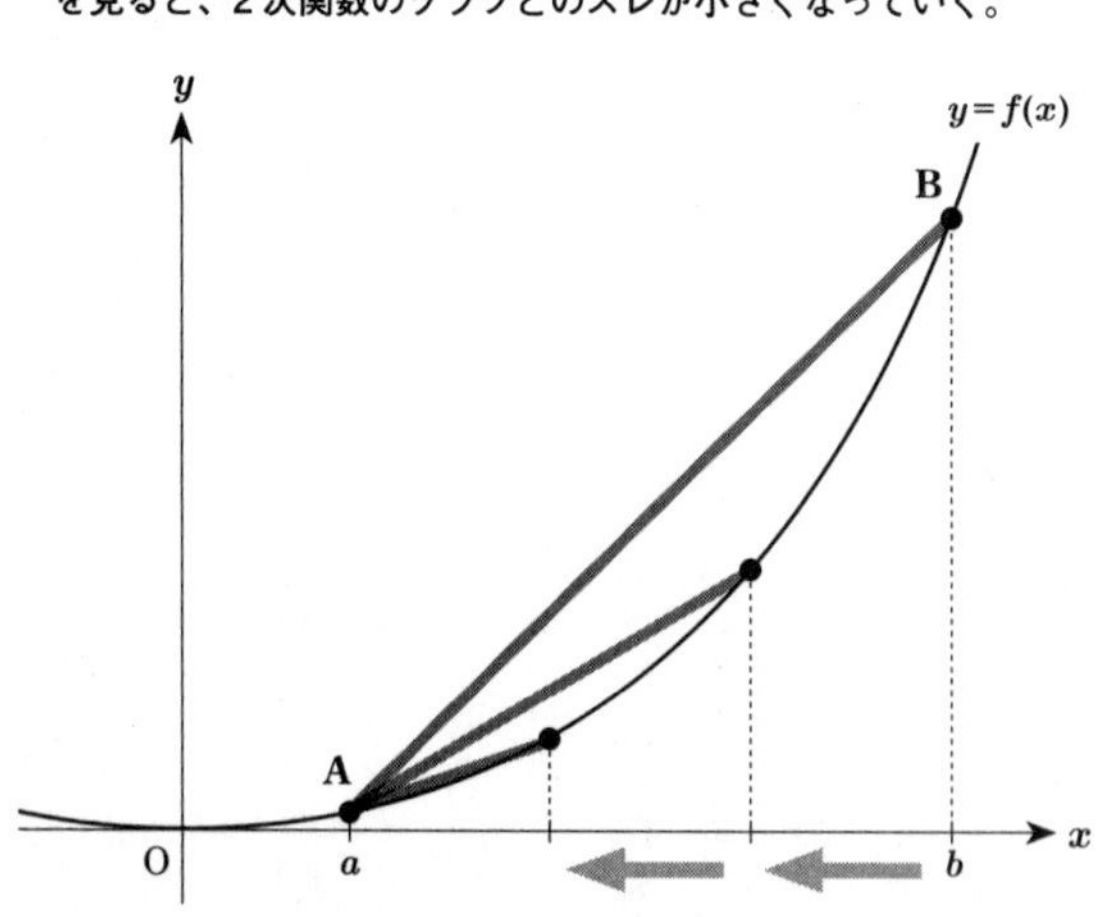

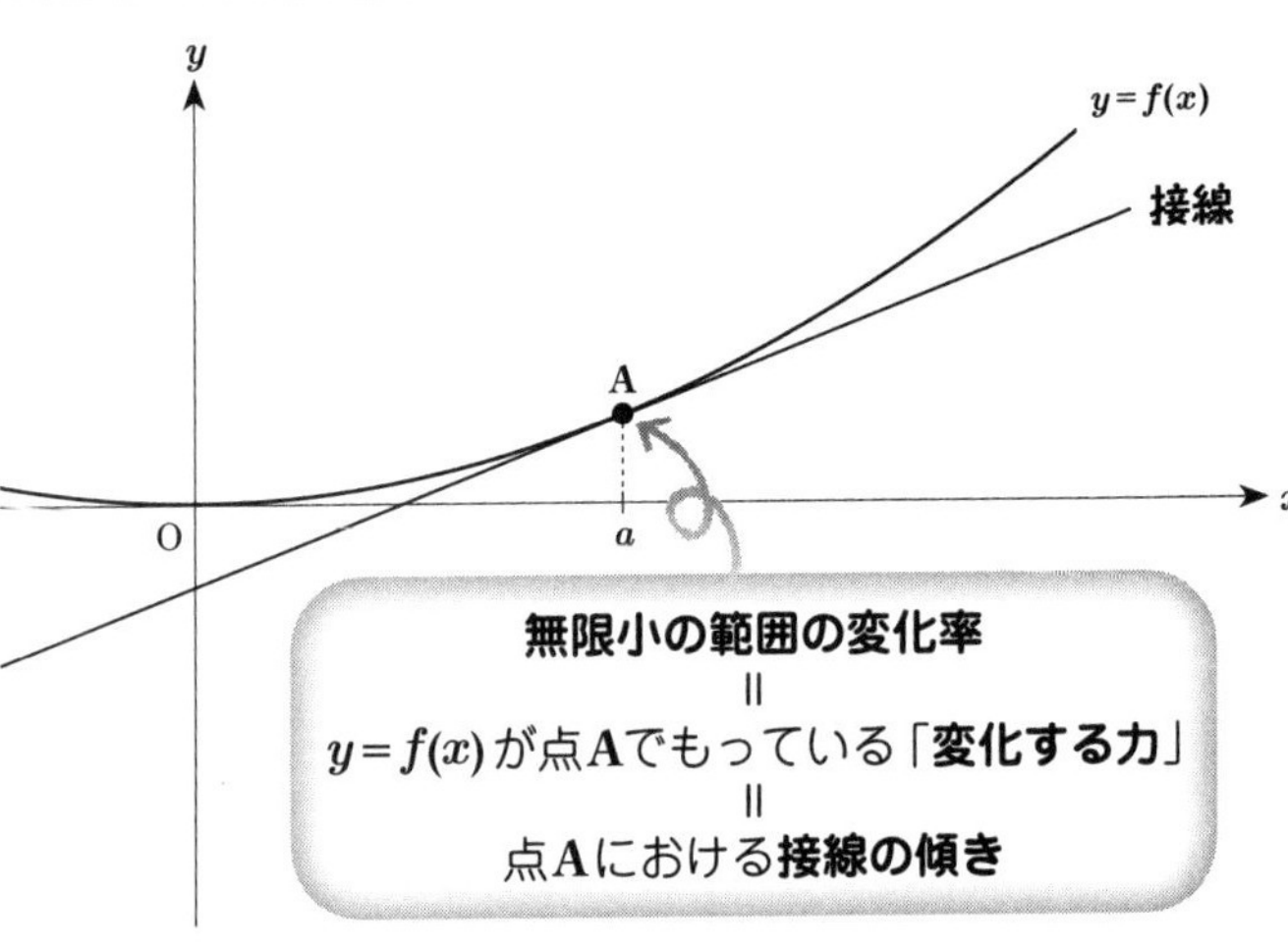

▲2次関数 $y=f(x)$ のグラフ上の2点ABについて、点Bと点Aとの距離が限りなくゼロに近づくと、ABを結んだ直線は、2次関数 $y=f(x)$ のグラフと点Aだけで接する「接線」となる。この接線の「傾き」は、点Aという限りなく小さい範囲での $y=f(x)$ の変化率である。

◆無限に小さい幅での平均変化率

「直線ABについて、点Aと点Bを限りなく近づけて、限りなく小さい幅で考える」ということは、見方を変えれば、「点Aを起点とする、限りなくゼロに近い幅で、『x軸方向にほんの少しだけ変化する間に、y軸方向にどれだけ変化するか』という、**無限小の幅での平均変化率**を考える」ことを意味します。

この変化率は、イメージ的にいうと、関数 $y=f(x)$ が点Aでもっている、**変化するための見えない力**のようなものです。

その見えない力は、グラフとしては上図のように、放物線 $y=f(x)$ に点Aだけで接する**接線の傾き**として表れます。

この見えない力、接線の傾きを割り出す方

法こそ、**微分**です。それ自体としてはあまり役に立たないように見えた平均変化率も、「無限小の幅」で計算することができれば、微分の発想につながるのです。

ですからここからは、**無限小の幅での平均変化率を算出することをめざしましょう。**

◆平均変化率を数式で表す

まず、2次関数 $y = f(x)$ のグラフ上の2点ABの間の平均変化率を、数式で表すと、下図のようになります。

いきなり出てきた数式に「ゲッ」となった人もいるかもしれませんが、すぐに言葉とグラフで意味を説明するので安心してください。

45ページの図のように、関数 $y = f(x)$ の

▼平均変化率とは、「yの増加量」を「xの増加量」で割ったものであった（40ページ参照）。点Bを点Aに限りなく近づけたとき、この平均変化率がどのようになるのかを、このあと考えていく。

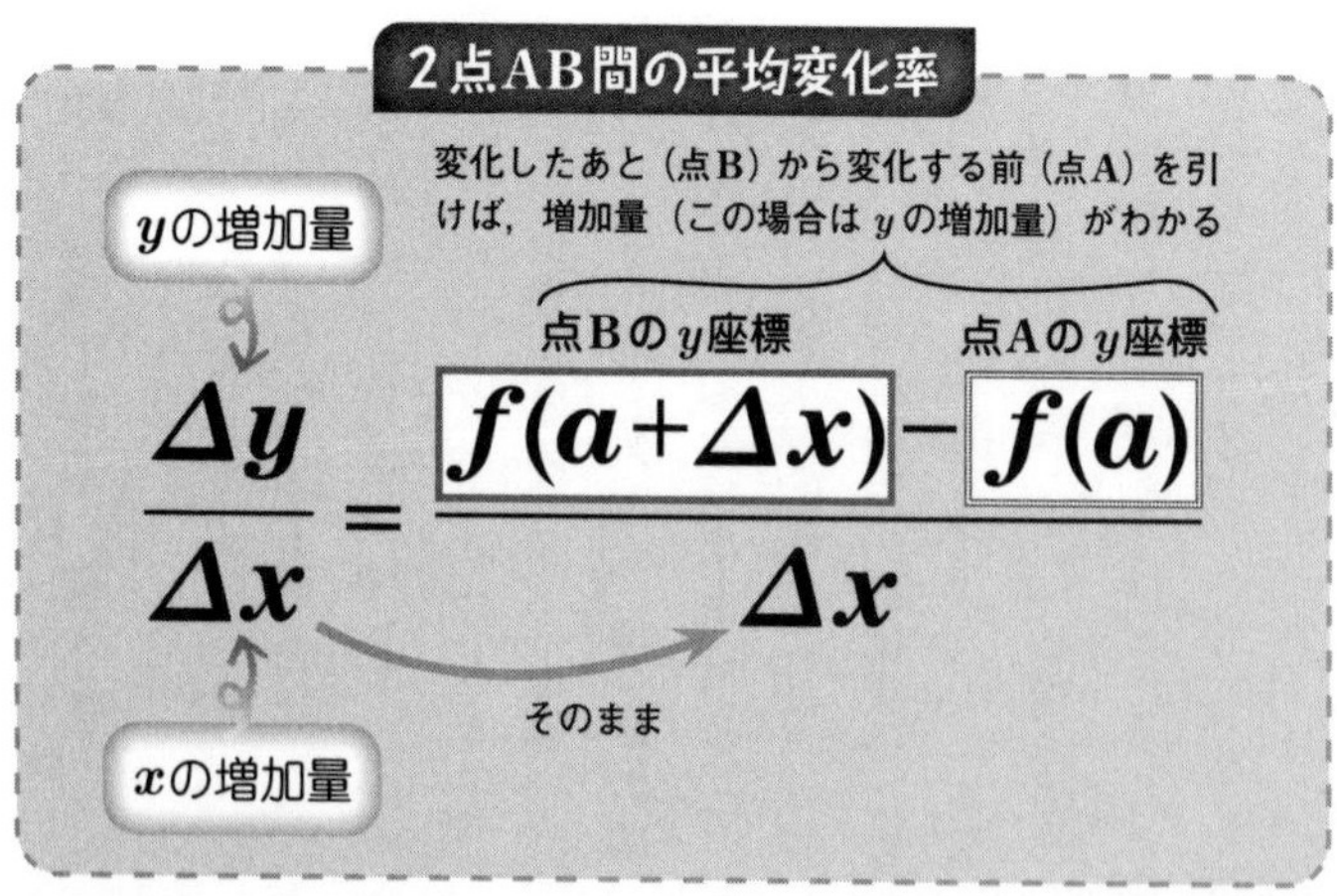

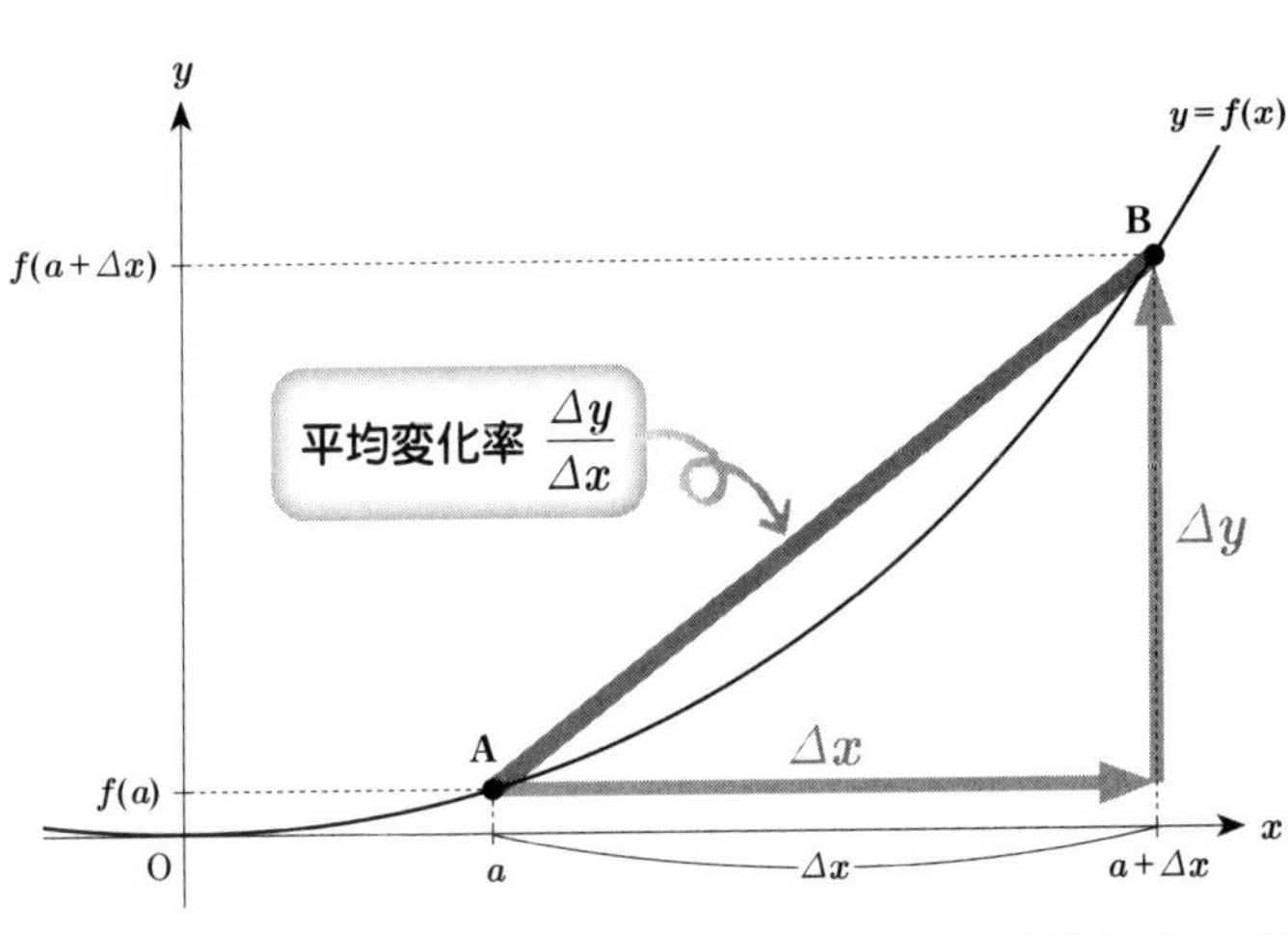

▲平均変化率は、上のように図示できる。点Bを点Aに限りなく近づけると、この平均変化率はどうなるだろうか。

グラフ上に、x座標がaである点Aを取ると、y座標は単純に$f(a)$となります。

さらに$y = f(x)$のグラフ上に別の点Bを取り、この点と点Aとのx軸方向のズレを、Δxとします。点Bのx座標は$a + \Delta x$となるので、y座標は$f(a + \Delta x)$と表せます。

さて、2点AB間における平均変化率は、**yの増加量（Δy）をxの増加量（Δx）で割ったもの**です（40ページ参照）。yの増加量（どれだけ変化したか）は、点Bのy座標から点Aのy座標を引いた「差」になります。

これで44ページの式の意味がわかりました。

では次に、**この数式を「無限小の幅」で計算**しましょう。つまり、平均変化率を算出する範囲にあたるΔxを、**限りなくゼロに近づける**のです。そのための方法を説明します。

極限から導かれる「微分係数」

一致させることなく、限りなく近づける

◆単純にゼロにしてはいけない

44ページの式で、Δxを「限りなくゼロに近づける」ことをしたいのですが、本当にゼロにしてしまってはいけません。というのも、数学には**「ゼロで割ってはいけない」**（ゼロを分母にしてはいけない）という絶対的ルールがあるからです（その理由は下図）。44ページの式で、Δxは分母なので、単純に「$\Delta x = 0$」を代入するのはNGです。

ここで、**極限**（きょくげん）という考え方を使います。難しそうな名前ですが、じつはとてもわかりやすいので、安心してください。

▼なぜ「0で割る（0を分母にする）」のはNGなのか。その証明の仕方はいくつもあるが、ここでは、「数を0で割ってOK」だと仮定した結果、矛盾が現れることを示して、「数を0で割ってOK」という仮定が間違いであることを明らかにしてみよう。

数を0で割ってよいものと仮定する。　…①

すると，「1を0で割る」という計算の答えをaとして，

$$\frac{1}{0} = a \quad \cdots ②$$

という等式が成り立つことになる。

②の両辺に0をかけると，

$$1 = a \times 0$$

$$1 = 0$$

分母の数を両辺にかけて分数ではない形にする

どんな数も0をかけると0になる

この等式は成り立たない。

ゆえに，①の仮定は誤りである。

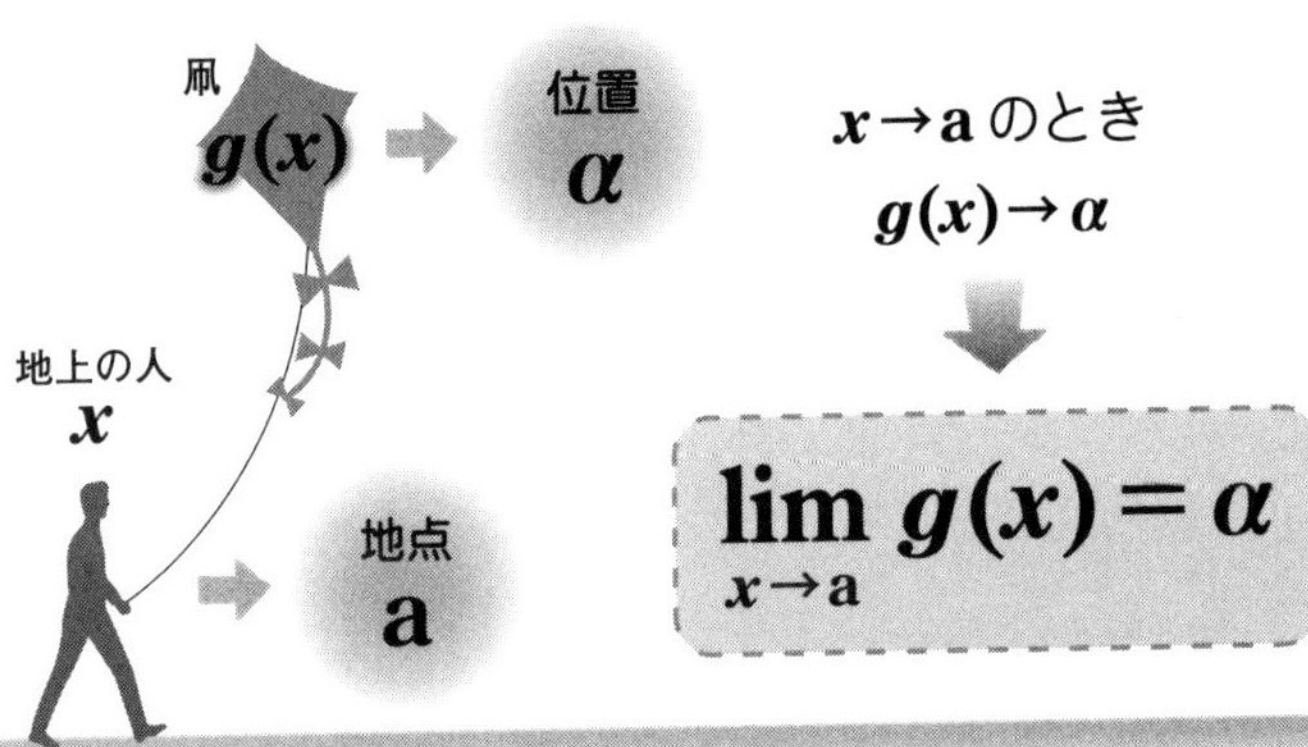

▲「極限」は難しい考え方ではないが、イメージしやすくするため、地上にいる人をxとし、その人が揚げている凧を$g(x)$として、「凧$g(x)$は、地上の人xの関数だ」と考えてみよう。今、地上の人xがaという地点に限りなく近づくと、凧$g(x)$はαという位置に限りなく近づくとする。このとき、αを$g(x)$の「極限値」という。このことは、上図の右のように表記される。

◆一致させずに近づける

xの関数$g(x)$があるとします。xの値が変化すると、それにともなって$g(x)$の値も変化します。

今、xの値をたとえば1に、**一致させることなく、限りなく近づけていく**とすると、このことは「$x \to 1$」と表されます。

これにともなって、$g(x)$の値も変化し、たとえば3に限りなく「一致しないけれども、近づいていく」とすると、これは「**$x \to 1$のとき、$g(x) \to 3$**」と表現され、3は$g(x)$の**極限値**と呼ばれます。

極限とは、**ある値に限りなく近づいていく**ことなのです。この関係は、「限界（limit）」を表す**lim**という記号により、上図のように一般化できます。

「極限」の考え方は、たったこれだけです。何も難しいところがないことが、おわかりいただけたと思います。

さあこれで、微分を導く道具が整いました。いよいよ2次関数 $y=f(x)$ について、**限りなく小さい幅での平均変化率**を算出します。

◆平均変化率の極限は「微分係数」

2次関数の式は、$f(x)=x^2$ だとしましょう。このとき、44ページの2点AB間の平均変化率の式にある Δx を、**極限**の考え方を使って、限りなくゼロに近づけていきます。その計算は左図のようになります。

この操作は本質的にいって、数式を追わなければ理解できないものです。しかし、心配はご無用。この数式の操作は、1行ずつ見ていけばだれにでも必ずわかる、とても単純なものです。

ただ、「どうしても数式を見るのがいやだ」という方は、最後に「$2a$」という値が出たことだけ、確認してください。

この $2a$ こそ、関数 $y=x^2$ の、x 座標が a の点Aにおける**無限小の幅の平均変化率**です。これは図形的には、点Aにおける**接線の傾き**を意味するのでした（43ページ参照）。

このような値には、**微分係数**という名称がついています。ここでは、あまり名前にこだわらず、**「ある瞬間の変化の仕方」を明らかにする「微分」の本質**が、ついに見えてきたんだな、と考えていただければOKです。

たとえば，$f(x)=x^2$のとき，

$$\lim_{\Delta x \to 0} \frac{f(a+\Delta x)-f(a)}{\Delta x}$$

44ページの平均変化率の式で，Δxを限りなく0に近づけることを考える

$$=\lim_{\Delta x \to 0} \frac{(a+\Delta x)^2-a^2}{\Delta x}$$

$f(x)=x^2$なので，$f(\ )$の形を$(\ )^2$の形にした

$$=\lim_{\Delta x \to 0} \frac{a^2+2a\Delta x+(\Delta x)^2-a^2}{\Delta x}$$

(■＋●)^{2}を展開すると，■^{2}＋2■●＋●^{2}

$$=\lim_{\Delta x \to 0} \frac{2a\Delta x+(\Delta x)^2}{\Delta x}$$

約分して分母がなくなるところまで式を簡単にする

$$=\lim_{\Delta x \to 0} (2a+\Delta x)$$

ここでΔxを限りなく0に近づけると，$2a$は変わらず，Δxはなくなる

$$=2a$$

▲x座標がaの点Aにおける、関数$y=f(x)$の「微分係数」の求め方。

09

「微分係数」から「導関数」へ

微分とは「導関数」を求めること

◆微分係数を数式として見る

関数 $y=f(x)$ の、$x=a$ のときの**微分係数**は、f に「′」(プライム) をつけて x に a を代入した、**$f'(a)$** という表記で表されます。

くり返しの確認になりますが、微分係数 $f'(a)$ とは、関数 $y=f(x)$ の、$x=a$ のときの**無限小の幅の変化率**であり、関数のグラフ上の、x 座標が a である点Aにおける**接線の傾き**を意味するのでした。

ここで、このような意味をいったん忘れ、純粋に数式として $f'(a)$ を見てみましょう。

51ページの図は、$f(x)=x^2$ の ($x=a$ のと

▼「微分係数」の定義。

関数 $y=f(x)$ の，$x=a$ における微分係数

$$\underbrace{f'(a)}_{\text{微分係数}}=\lim_{\Delta x\to 0}\frac{f(a+\Delta x)-f(a)}{\Delta x}$$

意味

- ➡ $x=a$ のときの，無限小の幅の変化率
- ➡ 関数のグラフ上の x 座標が a の点における接線の傾き

関数 $y=f(x)$	微分積分 $f'(a)$
$f(x)=x^2$ のとき,	$f'(a)=2a$
$a=1$ のとき,	$f'(1)=2$
$a=2$ のとき,	$f'(2)=2\cdot 2=4$
$a=3$ のとき,	$f'(3)=2\cdot 3=6$
	⋮

$$f(x)=x^2$$

$$f'(x)=2x$$

もとの関数　　導関数

▲関数 $y=f(x)$ について、微分係数の中の a を x にしてみると、新しい x の関数 $f'(x)$ ができる。これを「導関数」という。

きの）微分係数 $f'(a)=2a$ について、a の値を1、2、3としてみたときの $f'(1)$、$f'(2)$、$f'(3)$ を計算したものです。

$f'(a)$ の a のところに好きな x 座標（1、2、3）を入力すると、対応する数（2、4、6）が出力されていることが見て取れます。

好きな x 座標を入力すると、それに対して出力を返してくれるのですから、これは（$f(x)$ とは別の）**x の関数**と考えることができます。$f'(a)$ ではなく **$f'(x)$** とし、これを x の関数ととらえるのです。

◆「関数」にすると何がよいのか

微分係数 $f'(a)$ は、$x=a$ という特定の状況（グラフ上では点）での、無限小の幅の変化率（接線の傾き）を表す、具体的な数値です。

それに対して、ここで新たに作った$f'(x)$は、xの値が変化すると、それにともなって$f'(x)$の値も変化するような、関数です。

たとえば$f(x)=x^2$のときの、$f'(a)=2a$と$f'(x)=2x$は、aとxが違うだけで、「形」としては同じです。それなのに、どうしてわざわざ関数を作ったのでしょうか？

それは、たとえばx座標が1の瞬間（無限小の幅）の変化率（接線の傾き）を求めたいときに、いちいち「x座標がaの点での微分係数は$f'(a)$と表され、$a=1$のときは……」と考えるより、「$f'(x)$に$x=1$を代入する」と考えたほうが、手っ取り早いからです。特定の状況に縛られずに変化する関数のほうが、微分係数よりも「使い勝手」がよいのです。

◆ついに「微分の本質」に到達！

この$f'(x)$は、「$y=f(x)$から導かれた関数」という意味で、$y=f(x)$の**導関数**と呼ばれます。

そして一般に、**ある関数 $y=f(x)$ からその導関数 $f'(x)$ を導くこと**を、**微分**といいます。

こうしてとうとう私たちは、「微分の本質」にたどり着いたのです。

導関数と微分の意味を考えてみると、導関数$f'(x)$は、「関数$y=f(x)$の、あるx座標における**変化率（接線の傾き）を出力する関数**」だといえます。

そして微分とは、限りなくゼロに近い範囲の変化率を「その点での接線の傾き」という

$y=f(x)$ の微分（導関数）の定義

$$f'(x)=\lim_{\Delta x\to 0}\frac{\Delta y}{\Delta x}$$

Δy を Δx で表す

$$=\lim_{\Delta x\to 0}\frac{f(x+\Delta x)-f(x)}{\Delta x}$$

これは，次のようにも表記する。

$$y',\ \frac{d}{dx},\ \frac{d}{dx}f(x)$$

▲微分の定義に用いられる記号「d」は、「微小変化」（限りなくゼロに近い区間での変化）を表す。「Δ」で表される増加量を、限りなくゼロに近い範囲で取ったものだとイメージすればよい。

形で割り出し、**瞬間（無限小の幅）の変化を見えるようにすること**だ、ということができるでしょう。しかも、ある関数を一度微分すれば、その関数のグラフ上のあらゆる点で、瞬間の変化を見ることができます。

微分には「$\dot{}$」を使った表記のほかに、d という記号を用いた表記もあります（上図）。この d は、**無限小の変化（増加量）**を表します。「増加量を表す Δ を無限小のスケールにしたもの」だと考えればよいでしょう。

さて、微分を数式で定義すると、上図のようになります。

本質としては、これを計算すれば微分はできるわけですが、毎回これを計算するのは面倒です。しかし、じつは微分には、**もっとラクな公式**があります。

10 微分にはラクな公式がある

いちいち定義どおりに計算しなくてもOK！

◆ x^n の微分の公式

微分のラクな公式として、押さえなければならないのが下図の②です。①（微分の定義）と**二項定理**（にこうていり）というルールから導くことができるのですが、途中式は複雑なのでここでは省略し、結果だけを紹介します。x の**右肩に乗っている数**（**指数**（しすう））**を前**（**係数**）**にもっていき、右肩の数字を1だけ減らせばよい**という、とてもシンプルで使いやすいものです。

「公式なんて……」と思われるかもしれませんが、じつはこの公式は、あとで**微分と積分の関係**を見るとき、とても重要になります。

▼①は、すでに見た微分の定義。②は、「x の n 乗」の形で表されるものを微分する公式。

$$f'(x) = \lim_{\Delta x \to 0} \frac{\Delta y}{\Delta x}$$

$$= \lim_{\Delta x \to 0} \frac{f(x+\Delta x)-f(x)}{\Delta x} \quad \cdots ①$$

$f(x) = x^{n}$ のとき，

ひとつ減らす

$$f'(x) = nx^{n-1} \quad \cdots ②$$

x の前にもってくる

定数 c を関数 $y=f'(x)$ と考えて微分すると，

$$f'(x)=\lim_{\Delta x\to 0}\frac{\Delta y}{\Delta x}$$

$$=\lim_{\Delta x\to 0}\frac{0}{\Delta x}=0$$

x 座標を変えても
つねに $y=c$ であり，
y は変わらないので
$\Delta y=0$

よって，$(c)'=0$ …③

また，k，l を定数とすると，

「関数の定数倍」の微分 $\{kf(x)\}'=kf'(x)$ …④

「関数の和」の微分 $\{f(x)+g(x)\}'=f'(x)+g'(x)$ …⑤

まとめる

$\{kf(x)+lg(x)\}'=kf'(x)+lg'(x)$ …⑥

▲②の公式と③～⑥の公式を組み合わせれば、微分の計算をかなり簡単に行うことができる。

◆定数を微分するとゼロに

また上図の③のように、x を含まない**定数** c を、$y=c$ という関数だと考えて微分すると、**ゼロ**になります。

微分とは「x がほんの少し増加したとき、y がどれだけ増加するか」という、無限小の範囲での変化率です。定数 $y=c$ では、x が増加しても y は増加しないので（たとえば c が3だとして $y=3$ のとき、x がどんな値でも y は3のまま）、y の増加量 Δy はゼロであり、ゆえに微分の結果もゼロとなるのです。このことも、とても重要です。

ほかにも上図④～⑥のような公式があり、これらの組み合わせによって、複雑な微分の計算も、簡単に行うことができます。

11 微分で「グラフの形」がわかる

「極値」を調べて「増減表」を作れ！

◆2次より高い次数にも通用する

いったん、ここまでの流れをふり返ってみましょう。

1次関数は、「変化の仕方」が単純な関数なので、微分を考える必要がありませんでした。しかし、1次関数よりも複雑な**2次関数**で、「変化の仕方」を知りたいときに、微分が必要になったのでした。

さらに、2次関数よりも難しい**3次関数**なども、微分を利用すれば「変化の仕方」を知ることができます。

3次関数のグラフは、**2次関数の放物線よりも、もっと複雑な形**をしています。しかしそのグラフも、**微分を使えば簡単に描ける**のです。その方法を見ていきましょう。

◆導関数と増加・減少

ひとつの関数 $y = f(x)$ を微分すると、**導関数 $f'(x)$** を得られます。この $f'(x)$ も x の「関数」ですから（51ページ参照）、x の値が変化すると、それにともなって $f'(x)$ の値も変化します。入力（代入）される x の値によって、出力される **$f'(x)$ の値が大きくなったり小さくなったりする**のです。

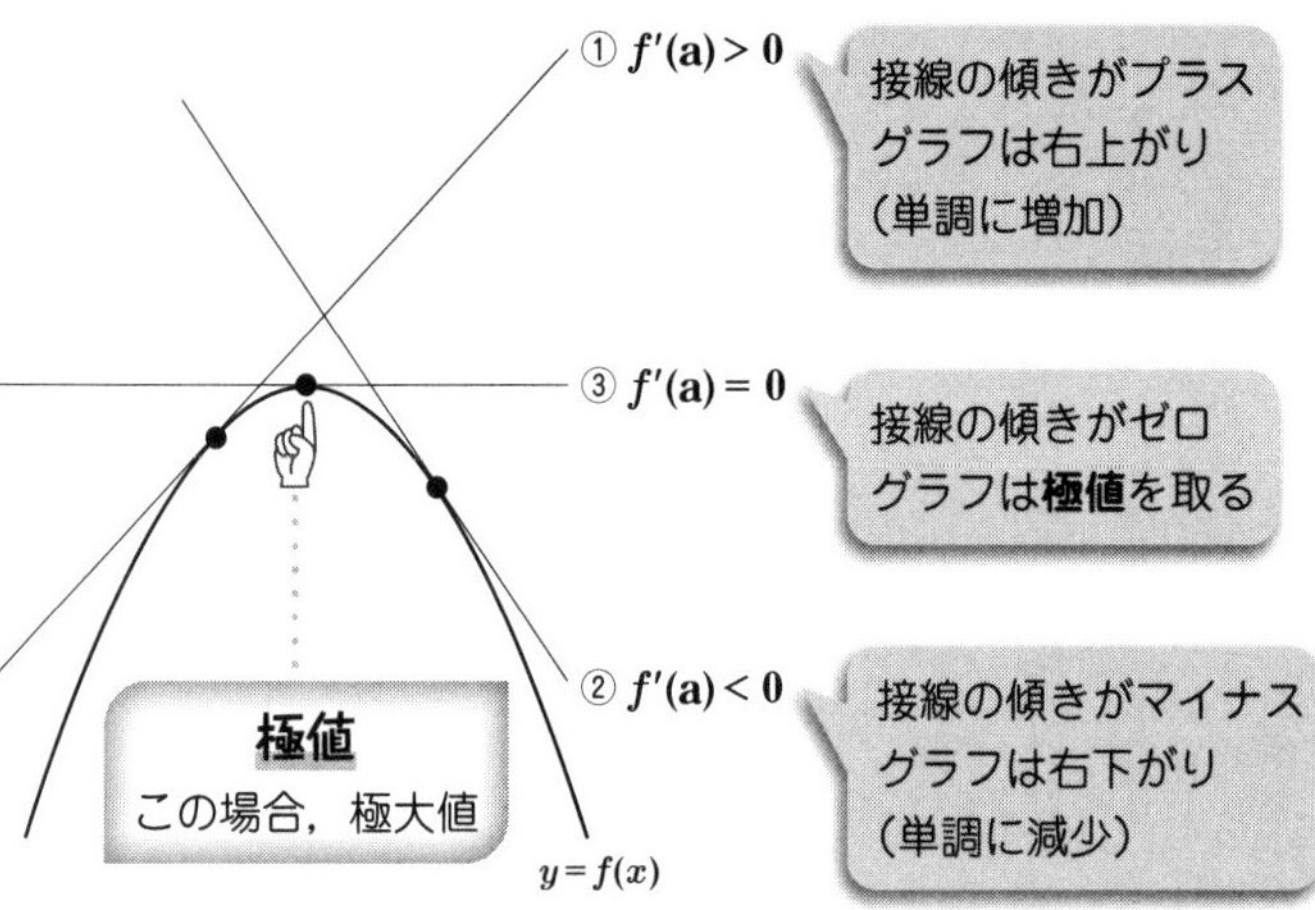

▲x座標によって、導関数 $f'(x)$ の値は変わり、プラスになったりマイナスになったり0になったりする。これを利用して、もとの関数 $y=f(x)$ の増減を調べ、グラフを描くことができる。

特に重要なのは、**ゼロ**という境界線です。導関数は**接線の傾き**を教えてくれる関数ですから、「$f'(x)$ がゼロより大きい（プラス）か小さい（マイナス）か」で、「接線の傾きがプラスかマイナスか」がわかります。

そしてそこから、もとの関数 $y=f(x)$ が「増加している（右上がり）か減少している（右下がり）か」という**「変化の仕方」を把握できる**のです（上図参照）。

❶ **$f'(x)$ がプラスのとき**、接線の傾きもプラスになります。その範囲では、もとの関数 $y=f(x)$ のグラフは右上がりです。

❷ **$f'(x)$ がマイナスのとき**、接線の傾きもマイナスになります。その範囲では、もとの関数 $y=f(x)$ のグラフは右下がりです。

❸ **$f'(x)$ がゼロのとき**、接線の傾きもゼ

口（水平）になります。そのような点ではもとの関数 $y = f(x)$ のグラフは、山の頂上または谷の底、つまり、増加と減少が逆転する境目になります。そのような点は、**極値**（**極大値**・**極小値**）と呼ばれます。

◆増減表をもとにグラフを描く

要するに、「導関数がゼロより大きくなるか小さくなるか」を調べることで、もとの関数の「変化の仕方」がわかるのです。

導関数のこのような性質を利用すると、3次関数などのグラフを描くことができます。

左図のように、もとの関数 $y = f(x)$ を微分して導関数 $f'(x)$ を求めたら、まず、その **$f'(x)$ がゼロになる x の値**を出します。

その x 座標で、もとの関数 $y = f(x)$ は、増加から減少に転じる山の頂上、または減少から増加に転じる谷の底になるわけです。ですから、**その x 座標を $y = f(x)$ に代入する**と、山の頂上の y 座標（極大値）と谷の底の y 座標（極小値）がわかります。

あとは、極値で増加と減少が逆転することを**増減表**としてまとめれば、その表をもとにして、簡単にグラフを描けます。

「グラフが描けたから何なんだ」と思う方もいるかもしれませんが、グラフが描ければ、「どう変化するか」をひと目で把握できます。それだけ、関数を扱いやすくなるのです。

次数が高く複雑な関数を、簡単に扱えるということは、**微分の威力**を示しているといえます。

$$y = x^3 - 6x^2 + 9x - 2 = f(x) \quad \cdots ①$$

定数は微分するとゼロ

$$f'(x) = 3x^2 - 12x + 9$$

$$= 3(x^2 - 4x + 3)$$

因数分解

$$= 3(x-1)(x-3)$$

$f'(x) = 0$ のとき，$x = 1$，3

このxx座標で山の頂上か谷の底になるはず

①より，$f(1) = 1 - 6 + 9 - 2 = 2$

$f(3) = 27 - 54 + 27 - 2 = -2$

これをもとに**増減表**を作ると，左下のようになる。

x	…	1	…	3	…
$f'(x)$	+	0	−	0	+
$f(x)$	↗	極大 2	↘	極小 −2	↗

よって，関数 $y = f(x)$ のグラフは右図のようになる。

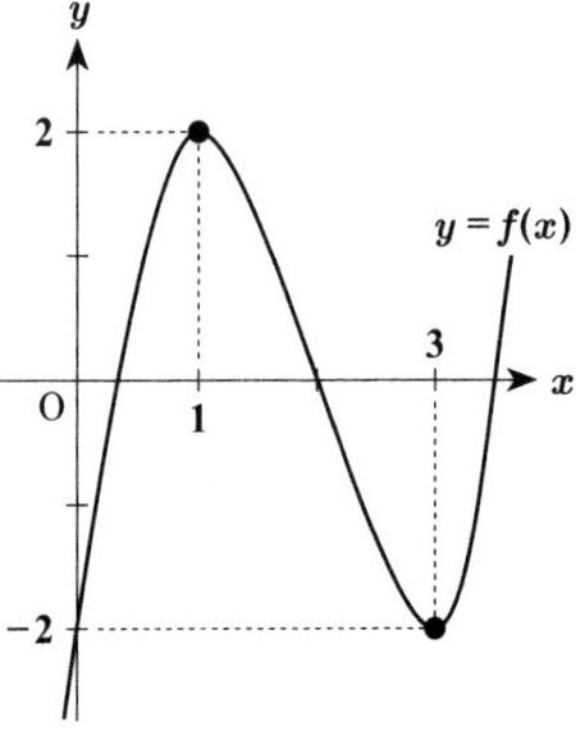

▲グラフを描きたい場合、もとの関数を微分して、導関数が0になる x の値を求め、その x 座標をもとの関数に代入して極値を出し、「増減表」を作ればよい。もしこの方法がなかったら、いろいろな値を代入して計算し、その座標を表す点をたくさん、やみくもに座標平面上に打っていかなければならない。

偏微分と全微分

より複雑な現象を解析する上級ツール

◆多変数関数

ここまで扱った関数は、$y = f(x)$という形でした。これは、ひとつの変数（x）の入力に、もうひとつの変数（y）が出力として対応する、単純な一対一対応の関数です。

しかしじつは、$\boldsymbol{f(x, y)}$という形で、入力側にふたつの変数がある関数も存在します。さらには$\boldsymbol{f(x, y, z)}$と、3つの変数が別々に変化していくものもあります。

こういった関数は**多変数関数**と呼ばれ、より複雑な自然現象を解析する際に用いられています。このような関数は大学で学習します。

◆いくつの変数を微分するか

多変数関数を微分するには、どうすればよいのでしょうか。その方法のひとつに、**偏微分**があります。

アイデアとしては簡単です。多くの変数がある関数でも、**ひとつの変数だけに注目**して、その変数についてだけ微分するのです。

たとえば、xとyとzという3つの変数をもつ関数$f(x, y, z)$を、「xについて偏微分する」とき、yとzは便宜的に定数とみなし、xのところだけを微分します。

これは、「xだけをほんの少し（無限小の

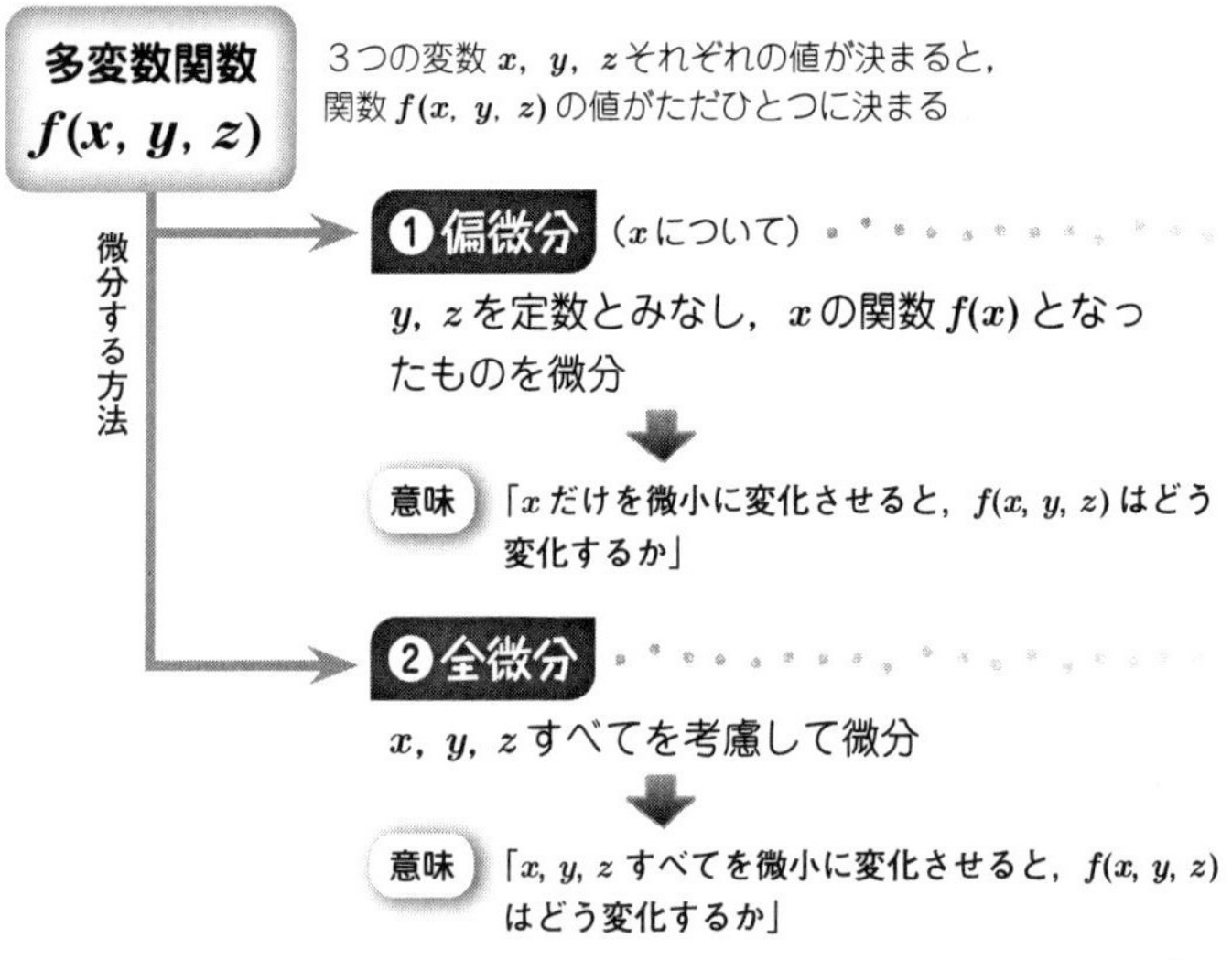
多変数関数
$f(x, y, z)$
3つの変数 x, y, z それぞれの値が決まると，関数 $f(x, y, z)$ の値がただひとつに決まる
微分する方法
❶偏微分（xについて）
y, z を定数とみなし，x の関数 $f(x)$ となったものを微分
意味「x だけを微小に変化させると，$f(x, y, z)$ はどう変化するか」
❷全微分
x, y, z すべてを考慮して微分
意味「x, y, z すべてを微小に変化させると，$f(x, y, z)$ はどう変化するか」

▲「偏微分」は、これまでに見た普通の微分のやり方を応用すれば計算できる。「全微分」は、偏微分を組み合わせれば計算できる。

幅だけ）増加させたとき、関数 $f(x, y, z)$ はどう変化するか」を調べることを意味します。もちろん同じ関数を、y や z について偏微分することもできます。

逆に、多変数関数の**すべての変数を考慮**（こうりょ）する、**全微分**（ぜんびぶん）という微分もあります。

関数 $f(x, y, z)$ の全微分は、「x と y と z を、それぞれほんの少し増加させたとき、関数 $f(x, y, z)$ はどう変化するか」を調べることを意味します。偏微分よりも式は複雑になりますが、偏微分を利用して計算可能です。

複雑な多変数関数でも、偏微分や全微分を用いれば、その動きをつかむことができます。たとえば、物体にはたらく力と運動を研究する**力学**（りきがく）で、高校物理以上の複雑な解析を行う場合は、偏微分や全微分が必要になります。

13

「2分の1回だけ微分する」ことはできるのか？

整数階微分と非整数階微分

◆シンプルな整数階微分

1変数の関数 $f(x)=x^2$ があるとします。これを x について、1回だけ微分すると、$f'(x)=2x$ になります。

これをもう1回微分すると、$\boldsymbol{f''(x)=2}$ となり、変数が消えます。この $f''(x)=2$ を、$f(x)=x^2$ の**2階微分**といいます。

次数の高い変数の関数であれば、何回も微分することができます。その微分の「回数」は、1回、2回、3回などと**整数**（**自然数**）の値を取るので、そうした通常の微分を、**整数階微分**といいます。

この整数階微分は、非常にシンプルでわかりやすい微分です。

◆奇妙な非整数階微分

しかしあいにく、世の中そんな簡単な話ばかりではありません。

たとえば、熱や力などが発生源から伝わる際の伝わり方を検証する場合、整数階微分の解析では、どうしても測定値と予測が異なるなどの不都合が出てきました。

そこで登場したのが、たとえば「**2分の1回だけ微分する**」という方法です。

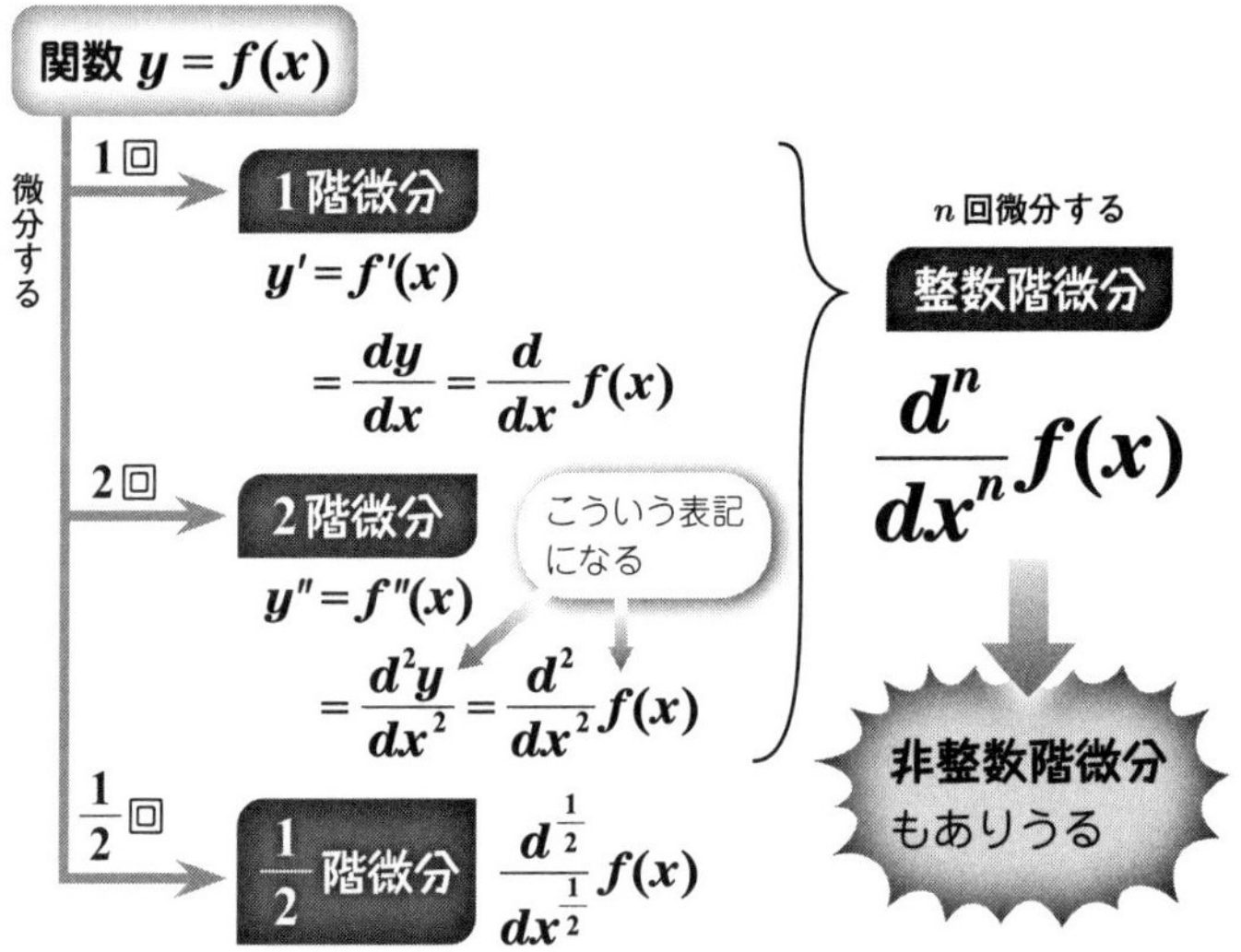

関数 $y = f(x)$

微分する

1回 → 1階微分

$$y' = f'(x) = \frac{dy}{dx} = \frac{d}{dx}f(x)$$

2回 → 2階微分

$$y'' = f''(x) = \frac{d^2y}{dx^2} = \frac{d^2}{dx^2}f(x)$$

こういう表記になる

$\frac{1}{2}$回 → $\frac{1}{2}$階微分 $\frac{d^{\frac{1}{2}}}{dx^{\frac{1}{2}}}f(x)$

n回微分する

整数階微分

$$\frac{d^n}{dx^n}f(x)$$

非整数階微分もありうる

▲微分の回数（階数）を表す「n」は、整数の値だけでなく、分数を含めたさまざまな種類の数を取りうる。なお、非整数階の「積分」もありうる。

「2分の1回」といわれても、そんな回数は感覚的にはよくわかりません。いったいどんな微分なのでしょうか?

イメージとしては、1回分の微分の「途中」にある状況を表すと考えられます。1階微分を半分に分けたものが$\frac{1}{2}$階微分となり、$\frac{1}{2}$階微分をふたつ足し合わせれば1階微分になると考えるのです。

このように微分を「1回」よりも細かく分けると、より詳細な解析を行うことができます。これを**非整数階微分**といいます。

非整数階微分はたとえば、地震の揺れの伝わり方を解析し、免震構造の建物を建設する際などに役立てられています。また、自動運転の自動車といった、高度な自動制御機器への応用も期待されています。

COLUMN 02

さまざまな「数」と無限小

微分積分を楽しむために押さえておきたい、さまざまな「数」を整理するため、1本の**数直線**を引いてみます。適当なところに0を書き、その右側には正（プラス）の数1、2、3……を、左側には負（マイナス）の数−1、−2、−3……を、一定の間隔で書き込みます。これらは**整数**といい、特に正の整数を**自然数**と呼びます（0も自然数に含めることも）。

整数と整数の間にも、数は存在します。数直線上の数は、分数（正確には「整数の比」）の形で表せる**有理数**（整数も含む）と、分数の形で表せない**無理数**（$\sqrt{2}$や円周率など）の2種類に分類されます。

有理数と無理数を合わせた、数直線上に表されるすべての数を、**実数**といいます。実数には「大きさ」があり、数直線の右側ほど大きく、左側ほど小さくなります。

注意が必要なのは、微分積分のキーワードとなる**無限小**は、正の範囲内での「限りない小ささ」だ、ということです。数直線上では、0のほんの少し右側だと思ってください。

ところで、実数は「2乗すると必ず正になる」という性質をもっていますが、人間は「2乗するとマイナスになる数」も、数学的に想像することができます。そのような数を、実数の対義語として**虚数**といいます。虚数には大きさがなく、数直線上に表せません。

そして、実数と虚数の両方を含む、あらゆる数の集合を、**複素数**と呼びます。

積分とはどういうものか

曲線に囲まれた面積を求める

積分の根本は「同じ幅の短冊」を敷き詰めること!

◆積分のもつ意味

前章では、微分の基本的な考え方を押さえました。微分とは、「無限小の幅(瞬間)での変化を正確にとらえる方法」であり、図形的にいうと、「曲線の接線の傾きを求めること」を意味するのでした。

この章では、**積分**の基本的な考え方を説明します。微分との対比でいうと、積分とは、「**無限小の幅の変化を足し合わせる**ことで、**変化していくものの全体をとらえる**方法」です。そしてこれは図形的には、「**曲線で囲まれた面積**を求めること」を意味します。

◆曲線に囲まれた面積

第1章でも挙げた例ですが(14ページ参照)、もう一度、**ひょうたん形の池の面積**について考えてみましょう。

直線で囲まれた図形であれば、長方形の面積の公式や台形の面積の公式、三角形の面積の公式などを組み合わせて、面積を計算することができます。

しかし、この池はやっかいなことに、曲線で囲まれています。円の面積の公式を使っても、うまく計算できそうにありません。このような形の面積を、**幾何学(きかがく)的に直接求めるこ**

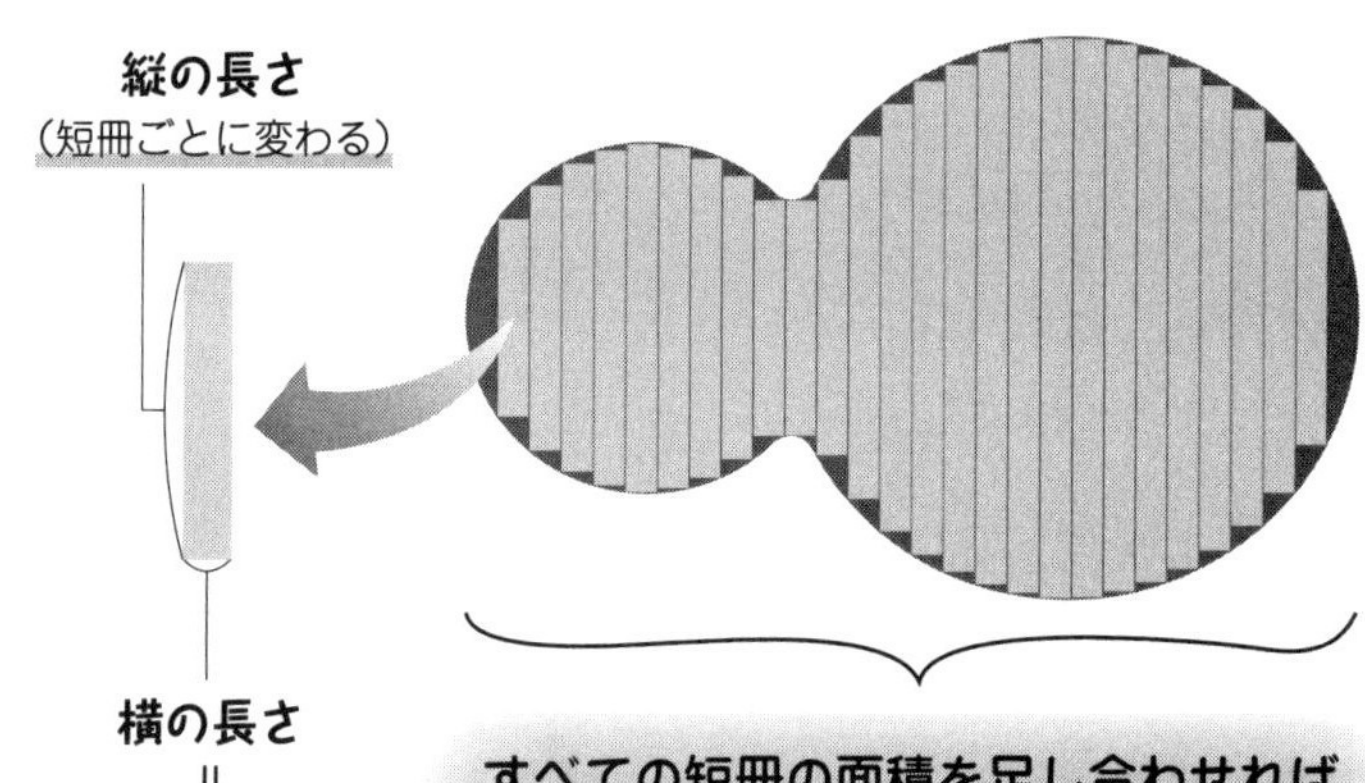

▲曲線で囲まれた図形の面積は、「同じ幅の短冊を敷き詰める」という方法で、「だいたいの値」を求めることができる。

とができる公式は存在しないのです。

そこで、ひと工夫が必要です。別のアプローチで、**簡単な図形の公式を利用**することを考えましょう。

ひょうたん池の中に、**幅のせまい長方形の短冊**を、ぴったりと並べて敷き詰めてみます。計算しやすいように、**短冊の幅はすべて一定**とします。

すると、池の端の部分に少しずつすき間は残りますが、池の面積のおおよその部分をカバーできます。

それぞれの短冊の面積は、**長方形の面積の公式**（**縦の長さ×横の長さ**）で、簡単に求められます。すべての短冊の面積を足し合わせていけば、池全体の面積に近い「だいたいの値」が求められるというわけです。

積分の発想の核心はこれだ！

「縦×無限小の横幅」を足し合わせる

◆曲線とx軸で囲まれた面積

ここで、**座標平面**上のグラフに移ります。**2次関数を表す放物線と、x軸とで囲まれたエリアの面積**を測る方法を考えてみましょう。

前の項目で見たとおり、このような図形の面積を求める幾何学的な公式はないものの、**長方形の短冊を横並びに敷き詰めていく**方法を使えば、「だいたいの面積」は計算できます。短冊の幅（**横の長さ**）を決めれば、各短冊の端のx座標と、そのx座標に対応するy座標（各短冊の**縦の長さ**）を求められるので、各短冊の面積がわかり、あとは足し合わせればよい、というわけです。

ただしこれはあくまで「だいたいの面積」です。短冊と放物線の間にできるすき間は、無視されています。正確な面積を測るにはどうしたらよいのでしょうか。いいかえると、どうすればすき間をなくせるのでしょうか。

◆短冊の幅を無限小に

ヒントは**短冊の幅**にあります。短冊の幅が広いとすき間も大きいですが、短冊の幅をせまくすれば、すき間も小さくなっていきます。

そこで思いきって、短冊の幅を**限りなくゼ**

短冊の幅が広いとき

➡ **すき間も大きい**

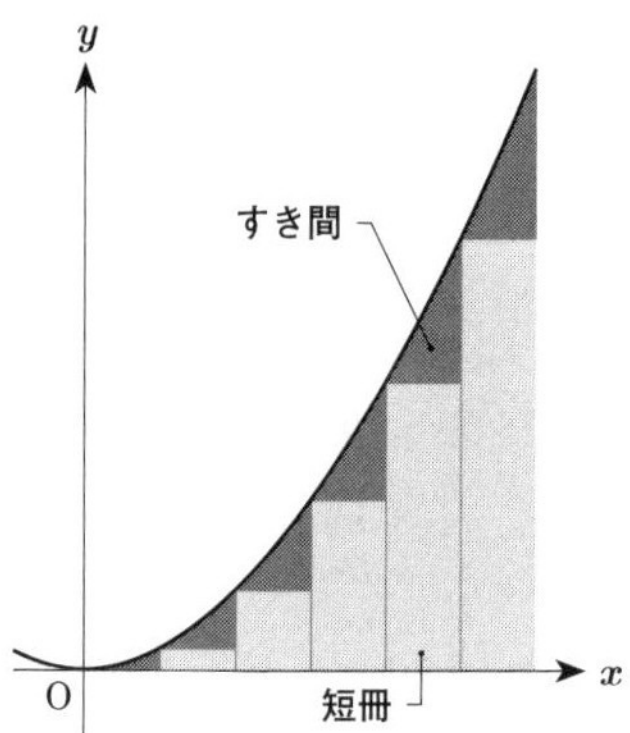

短冊の幅がせまいとき

➡ **すき間も小さい**

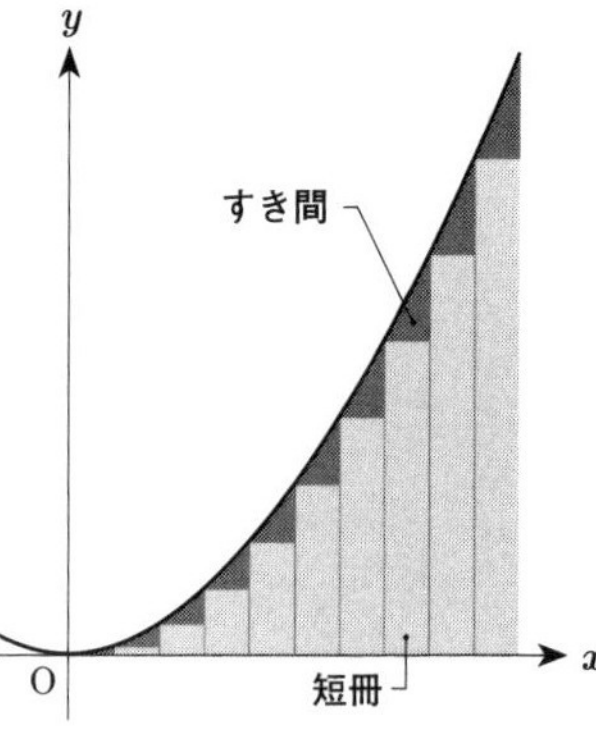

▲敷き詰める短冊の幅をせばめればせばめるほど、すき間が小さくなり、面積を正確に求めることができる。

口に近づけてみましょう。これは第2章でも登場した**極限**の考え方です（46ページ参照）。「ひとつひとつの短冊を、限りなくゼロに近い**無限小**の幅にすれば、図形全体にすき間なく敷き詰めることができるはずだ」と考えるのです。これが**積分の発想の核心**です。

1本の短冊の面積は「縦の長さ×横の長さ」で求められ、すべての短冊の面積を足し合わせれば、求める面積になります。

短冊それぞれの縦の長さは、**その x 座標における2次関数の y 座標 $f(x)$** となります。そしてその幅（横の長さ）は、**ゼロに限りなく近い無限小の値**です。

積分とは、「**$f(x)$×無限小」を、x を変化させながら足し合わせていく方法**だということができます。

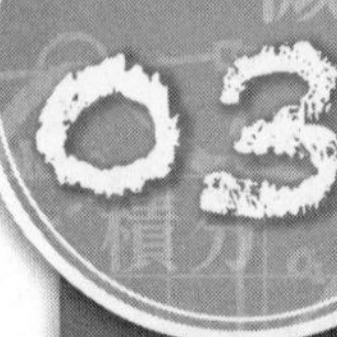

「すべてを足し合わせる」ためのふたつの方法
「総和」と「積分」は何が違うか

◆離散的なものの「総和」

　まずはここまで、積分の核心となる部分を見てきましたが、じつは数学には、積分以外にも「足し合わせていく」方法があります。**総和**（そうわ）という考え方です。

　たとえば、「1から100までの自然数をすべて足し合わせる」ことがしたい場合、「1＋2＋3＋……＋100」というシンプルな足し算で答えを出すことができます。

　足し合わされるそれぞれの数は、**項**（こう）と呼ばれます。項が自然数以外の場合でも、「ある決まりにしたがって並んでいる数を足し合わせる」という操作は、**Σ（シグマ）**の記号で表され、公式を用いて効率的に計算できます。

　これが総和です。総和の「足し合わせ」はイメージしやすいものです。「0.1＋0.2＋0.3」という総和を計算したいときも、「まずはひとつめの項0.1に、ふたつめの項0.2を足して、次に3つめの項0.3を足す」というふうに、シンプルに考えることができます。

　総和が考えやすいのは、足し合わされる項がそれぞれ明確に存在し、隣り合う項どうしもはっきりと切り離されているからです。このように、各要素がバラバラに切り離されて存在している状態を、**離散**（りさん）といいます。

離散的なもの

要素がそれぞれはっきりと分かれていて「ひとつ」「ふたつ」と数えることができる

要素を単純な足し算によって足し合わせることができる

総和

シグマ

項　項　項
0.1＋0.2＋0.3

連続的なもの

要素がなめらかにつながっていて「ひとつ」「ふたつ」と数えられない

足し合わせるべき要素をうまく取り出せない

積分

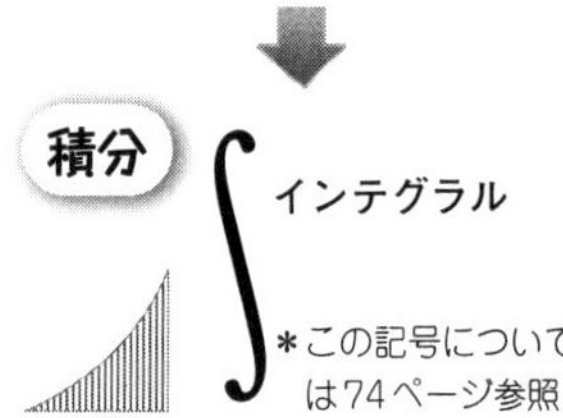

＊この記号については74ページ参照

▲「離散」的なものの総和は、要素の足し算として計算できるが、「連続」的なものは要素をうまく取り出せないため、足し合わせる操作をイメージしづらい。

◆連続的なものの「積分」

一方、**積分**で足し合わされるものは、離散的なものではありません。積分で想定される短冊の幅は、限りなくゼロに近いので、「ここからここまでがひとつめの短冊」といった区切りを示せないからです。

無限小の幅の短冊は、「ひとつ」「ふたつ」「みっつ」と数えることができないのです。

このように、離散的でなく、なめらかにつながっている状態を、**連続**といいます。

総和は階段状、**積分はスロープ状**だとイメージするとよいかもしれません。積分がイメージしづらいのは、短冊の幅が無限小で、連続的に存在するせいです。**積分は連続的なものを足し合わせる方法**だといえるでしょう。

いちいち足し合わせるのは至難の業！

積分を総和で代替する計算方法

◆総和として考える

　積分とは、連続的なものを足し合わせる操作ですが、そんな操作はなかなかイメージできません。そのため昔は、積分のようなことをしたいときには、**離散的なものの総和によって代替**(だいたい)していました。

　たとえば、2次関数の放物線とx軸で囲まれた図形の面積を求めるとします。短冊を敷き詰める方法を取ることにして、短冊の幅を決めたのち、❶**問題の図形にぴったり収まる長さの短冊**（それぞれの左上の頂点が放物線に重なる）を敷き詰めた場合と、❷**問題の図形をぴったり覆**(おお)**う長さの短冊**（それぞれの右上の頂点が放物線に重なる）を敷き詰めた場合の、ふたつのケースを考えます。そして、❶の場合の短冊の面積の総和と、❷の場合の短冊の面積の総和、それぞれを計算します。

　❶は問題の面積よりも小さく、❷は問題の面積よりも大きいはずです。とすると問題の面積は、**❶と❷の中間の値**だとわかります。

◆実際に計算してみる

　2次関数を$y = x^2$とし、x座標が0から5の範囲でやってみましょう。考えやすいよ

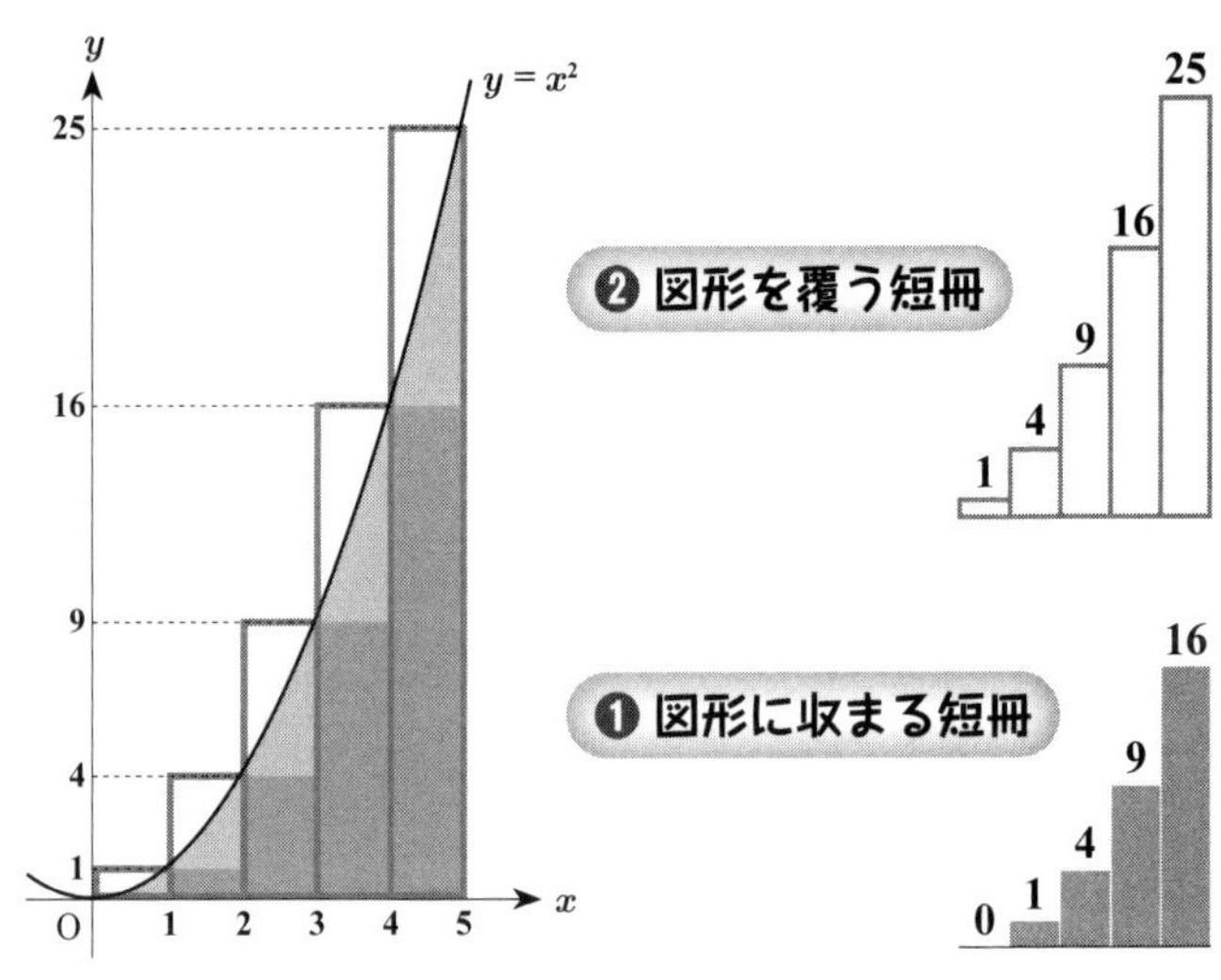

▲曲線 $y=x^2$ と x 軸に囲まれた、$0 \leqq x \leqq 5$ の範囲の面積は、❶よりも大きく❷よりも小さいはずである。

うに、短冊の幅は1とします。すると、❶と❷それぞれ5本ずつ、計10本の短冊の面積を、「縦×横」で計算する必要があります。

❶ 0×1＋1×1＋4×1＋9×1＋16×1＝30

❷ 1×1＋4×1＋9×1＋16×1＋25×1＝55

問題の面積は❶と❷の間の値になるわけですが、「30と55の間」といっても広すぎます。もっと正確な値を出すには、短冊の幅をせばめなければいけません。しかしそうすると分数や小数が出てくるだけでなく、足し合わせる短冊の数も多くなり、計算が煩雑になっていきます。コンピューターのない時代には、**すさまじく手間のかかる作業**でした。

しかしありがたいことに、**積分を簡単に計算できる革命的な公式**が発見され、このような面倒くさい計算が不要になったのです。

超強力な積分の公式

簡単な計算で積分ができる！

◆インテグラル

積分を簡単に行うことができる公式の中でも、最も重要なものが、図の①です。

奇妙な記号が混じった数式に、「ゲッ」と思われるかもしれませんが、大丈夫です。ひとつひとつの記号の意味を読み解いていけば、この式に難しいところはひとつもありません。

むしろ意味がわかったとき、この公式の絶大な威力に、感動さえ覚えるでしょう。というのもこの公式は、どう計算したらよいのかわからなかった「連続的なものの足し合わせ」（71ページ参照）について、「こんなに簡単な計算でOKだよ」といってくれているからです。

この式を、まずは左辺（「＝」の左側）から見ていきましょう。

奇妙な記号 $\int$ は、「**インテグラル**」と読みます。

「**積分すること**」を表す記号で、「足し合わせること」を意味するラテン語「summa」の頭文字を縦長にして作られたとされます。

つまりこの記号は、単に「積分しますよ」といっているだけです。これを見たら、「このあとに書かれているものを足し合わせるんだな」と考えればよいでしょう。

左辺　右辺

$$\int x^n dx = \frac{1}{n+1} x^{n+1} + C \quad \cdots ①$$

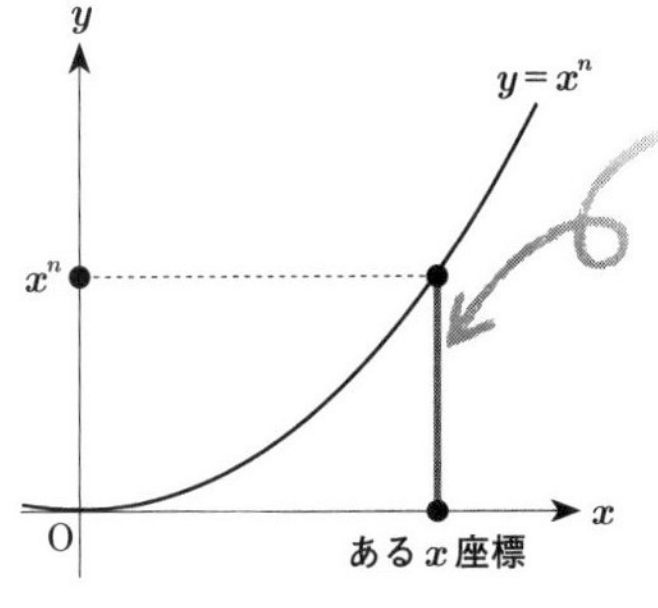

縦の長さ　x^n（y座標）
横の長さ　dx（無限小の幅）

面積　$x^n dx$
縦×横
（無限小の幅の長方形）

▲積分の公式の中で、最も重要なものが①である。その左辺にある「$x^n dx$」は、無限小の幅をもつ長方形（短冊）ひとつの面積を表す。

◆短冊1本分の面積

「積分しますよ」という記号のあとには、**「何を積分するのか」**が書かれています。

「x^n」は、①公式全体の中では、ひとまず**積分されるxの関数**として位置づけられます。$y=x^n$という関数（上図の曲線のグラフ）があって、そのうち「＝」の右側のx^nだけが書かれていると考えてください。

それと同時にこのx^nは、「関数$y=x^n$のグラフ上の、あるx座標をもつ点のy座標」というふうに読むこともできます。それは、あるx座標における、**関数のグラフとx軸との間の距離（縦の長さ）**でもあります。

左辺の最後「dx」は、微分でも出てきた記号で（53ページ参照）、**xの無限小の増加**

量、つまり**短冊の無限小の幅**を意味します。

これらをまとめると、「x^n」と「dx」をかけた「$x^n dx$」の部分は、「あるx座標における、関数$y=x^n$のグラフのy座標（**縦の長さ**）と、無限小の幅（**横の長さ**）を、かけ合わせたもの」と解釈できます。

これは、曲線$y=x^n$とx軸との間にはめ込まれた、**無限小の幅の短冊（長方形）ひとつの面積**を意味します。

◆左辺全体の意味

$\int$はもともと「足し合わせること」でした。$x^n dx$は「曲線$y=x^n$とx軸との間にはめ込まれた、無限小の幅の短冊の面積」でした。

とすると、①の左辺全体は、「曲線$y=x^n$とx軸との間の、**無限小の幅の短冊を、すべて足し合わせた面積**」を意味することになります。それは、「曲線$y=x^n$とx軸との間の面積」と一致するはずです（69ページ参照）。

これはつまり、「関数$y=x^n$を積分する」ということです。結局、**左辺は「関数$y=x^n$を積分しますよ」といっているだけ**なのです。

では、その計算は、どのようにすればよいのでしょうか。それを表現した、いわば「解決編」が、①の右辺です。

◆右辺の意味

右辺の右端のCは**積分定数**（せきぶんていすう）と呼ばれる定数ですが、いったん無視しておいてください。

注目するべきは、xを含む項です。積分す

$$f(x)=x^{n}\text{ のとき,}$$

ひとつ増やす

$$\int f(x)dx=\frac{1}{n+1}x^{n+1}+C$$

$f(x)$ を積分する

x の前に分数としてもってくる
（1増やしたものを分母にする）

積分定数をつける

▲積分の公式①は覚えやすく、機械的に計算を行うことができる。

る前は x^n でした。これを積分すると、x の前に、**係数として分数が出てきます**。分数の分子は1で、分母は、もとの関数の x の指数（右肩の数字）に1を足したものになります。

また x の指数は、積分する前は n だったのが、積分のあとは $n+1$ になっています。つまり、**積分すると指数がひとつ増える**のです。

①の式は全体として、次のようなことをいっています。――「x の n 乗」という形になっているものを積分したければ、「**$n+1$ 分の1」を x の係数にもってきて、x の指数は1増やし、最後に C をつけるだけでよい**。

「なぜ?」という疑問は、ここではあまり意味がありません。こういう公式が、数学史の中で発見されたのです。そしてこの式を使えば、積分を簡単に、正確に計算できるのです。

積分の公式の威力

短冊をいちいち計算する必要がなくなった！

◆簡単な手順で正確な値を出せる

①の公式がすごいのは、**積分の計算を、機械的に行える**ところです。

①の公式が発見される前は、「連続的なものの足し合わせ」である**積分**を直接計算することができないので、「離散的なものの足し合わせ」である**総和**に置き換えて計算していました（72ページ参照）。

しかしその方法では、「ぴったり収まる長さの短冊を敷き詰める場合」と、「ぴったり覆う長さの短冊を敷き詰める場合」の両方について、それぞれの短冊の面積を計算して足し合わせなければいけませんでした。

また、より正確な値を出すには、短冊の幅をせまくして、計算を細かく複雑にする必要がありました。しかも、どんなに短冊の幅をせまくしても、この方法で計算する限り、**近似値**（本当の値ではないけれども、それに近いといえる値）にしかならないのです。

しかし、①の公式が発見されたおかげで、きわめて簡単な手順で、近似値ではない正確な値が出せるようになりました。

極端な話、この公式さえ知っていれば、小学生でも積分の計算を正しく行うことができます。

$$\int x^n dx = \frac{1}{n+1}x^{n+1} + C \quad \cdots ①$$

$k,\ l$を定数とする。

「関数の定数倍」の積分

$$\int kf(x)dx = k\int f(x)dx \quad \cdots ②$$

「関数の和」の積分

$$\int \{f(x)+g(x)\}dx = \int f(x)dx + \int g(x)dx \quad \cdots ③$$

まとめる

$$\int \{kf(x)+lg(x)\}dx = k\int f(x)dx + l\int g(x)dx \quad \cdots ④$$

▲積分の計算を簡単に行うことができる、基本的な公式。

◆そのほかの基本的な公式

積分には①以外にも、上図の②〜④のような基本的な公式があります。これらを組み合わせることで、さまざまな積分の計算を、容易に行うことができます。

ところで、「公式」というと、「試験問題を解くために、暗記しなければならないもの」というイメージをもっている方もいるかと思います。そういう方は、「どうして公式のことなんて知らなければならないんだ」「問題を解くんじゃないんだから、公式のことなんてどうでもいい」と思っていらっしゃるかもしれません。

しかしじつは、**積分の公式を知ることで、さらに面白い微分積分の秘密に迫れる**のです。

積分とは「微分の逆」だった！

微分積分学の基本定理

◆微分の公式と積分の公式

積分の代表的な公式（75ページ参照）には、じつは、**非常に重要な真理**が隠されています。$f(x)=x^n$ を**微分**すると、左図の①のようになります（54ページ参照）。同じ $f(x)=x^n$ を**積分**すると、図の②のようになります。

これらを、**x の係数**と**指数**に注目して見比べてみると、どうも①と②は**対照的なもの**のように見えます。

そこで、$f(x)=x^n$ を積分した②を、微分してみます。すると左図のように、**もとの関数 $f(x)=x^n$ に戻ってしまいました。**

◆微分と積分は逆演算

つまり、$f(x)=x^n$ を**積分して微分すると、もとの関数に戻る**のです。このことは、微分と積分が**逆演算**であることを示しています（16ページ参照）。

「微分と積分は逆演算である」ということは、**微分積分学の基本定理**と呼ばれます。17世紀にふたりの数学者**ニュートン**と**ライプニッツ**によってこの法則が発見されたことで、**それまでバラバラに発展してきた微分と積分が統合され**、「微分積分」という数学的方法が誕生したとされます（くわしくは第4章参照）。

$f(x) = x^n$ とする。これを微分すると，

ひとつ減っている

$$\frac{d}{dx}f(x) = f'(x) = nx^{n-1} \quad \cdots ①$$

なんとなく「逆」っぽく見える

また，$f(x)$ を積分すると，

ひとつ増えている

$$\int f(x)dx = \frac{1}{n+1}x^{n+1} + C \quad \cdots ②$$

②を微分してみると，

$$\frac{d}{dx}\int f(x)dx = (n+1)\cdot\frac{1}{n+1}x^{(n+1)-1}$$

$$= x^n$$

$$= f(x)$$

つまり，**$f(x)$ を積分して微分すると，もとに戻る。**

（$f(x)$ を微分して積分してもほぼ同様）

微分積分学の基本定理

$f'(x)$ ⇄ $f(x)$ ⇄ $\int f(x)dx$

微分（$f(x) \to f'(x)$）　積分（$f'(x) \to f(x)$）

積分（$f(x) \to \int f(x)dx$）　微分（$\int f(x)dx \to f(x)$）

▲積分の公式は、微分の公式の「逆」になっている。このことを「微分積分学の基本定理」という。

積分にはふたつの種類がある！

不定積分と定積分

◆原始関数と積分定数

　xの関数$f(x)$を**積分**すると、**別の関数$F(x)$**が得られます。この関係は、「**微分と積分が逆であること**」（**微分積分学の基本定理**）を利用すると、「関数$f(x)$は、もともとあった**別の関数$F(x)$が微分されてできたもの**」というふうにとらえなおすことができます。

　そこで、$f(x)$を積分して得られる関数$F(x)$のことを、「もともとあった関数」という意味で**原始関数**と呼びます。

　第2章でも見てきたように、関数$f(x)$を「**微分する**」ということは、「$y=f(x)$のグラフに関して、どんなxを入力しても、それに対応する**接線の傾きを出力してくれる導関数**$f'(x)$を求めること」でした。

　これに対し、関数$f(x)$を「**積分する**」ということは、「$y=f(x)$のグラフとx軸との間の**面積を出力してくれる原始関数**$F(x)$を求めること」を意味します。

　ただし、ここまで述べたことは大ざっぱなイメージであり、補足と訂正が必要です。

　普通「原始関数」というと、$F(x)$だけでなく、$\boldsymbol{F(x)+C}$というふうに、定数Cを足した形で書かれます。

　これは、「**定数を微分するとゼロになる**」

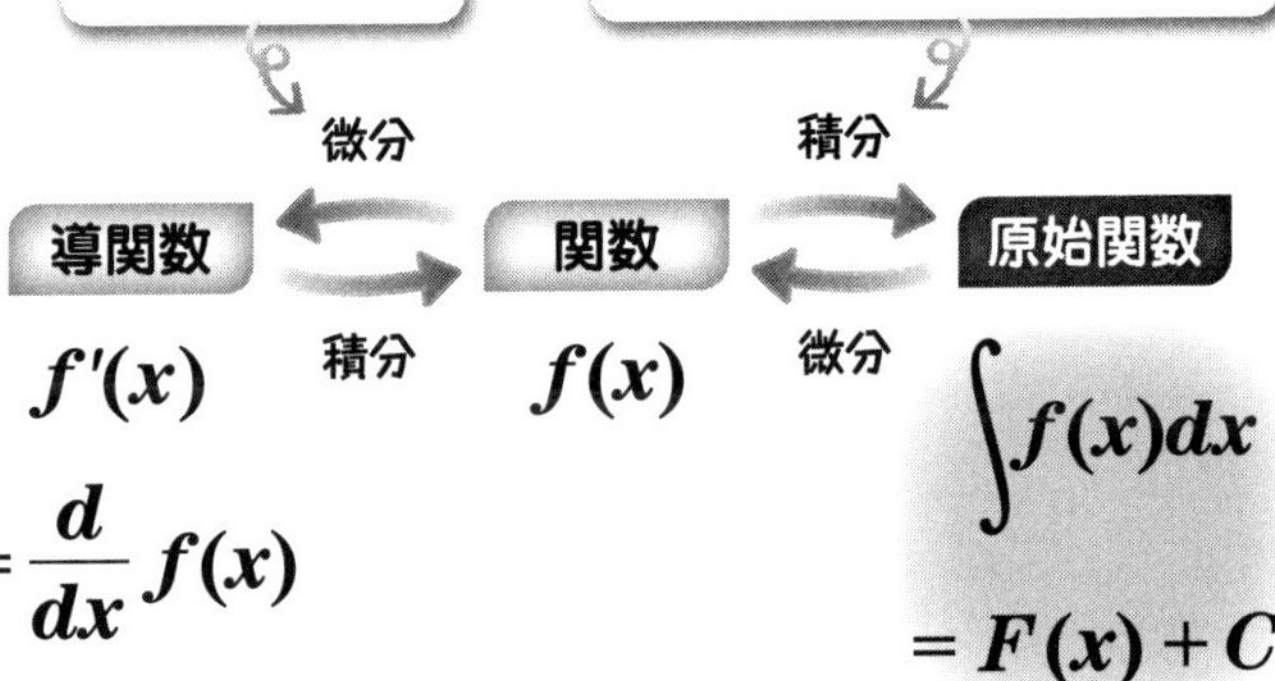

▲関数と導関数、そして「原始関数」の関係。「微分」とは「導関数を求めること」であり、「積分」とは「原始関数を求めること」である。そして微分と積分は「逆演算」である。

という法則（55ページ参照）のせいです。「微分されたあとの関数$f(x)$には表れていなくても、微分する前の原始関数には、何らかの定数があったのではないか」という可能性を考慮する必要があるのです。

その「原始関数にあったと考えられる定数」は、Cの文字で表されます。これを**積分定数**といいます。

◆不定積分と定積分

また、原始関数$F(x)+C$が「$y=f(x)$のグラフとx軸との間の面積」を出力してくれるといっても、「$y=f(x)$のグラフとx軸との間の面積」は、84ページの図のように、x軸に沿って無限に広がります。範囲を限定しな

不定積分 ☞ 原始関数を求める（どこからどこまで面積を求めるのか決めていない）

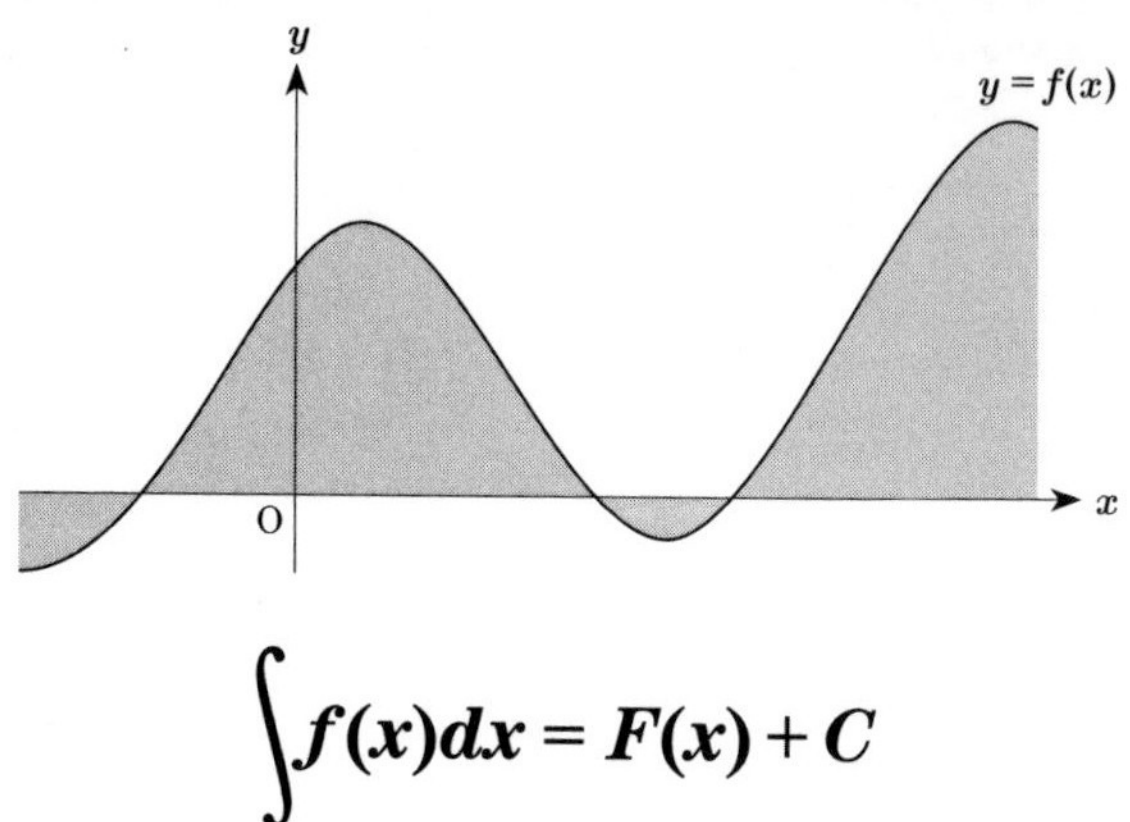

$$\int f(x)dx = F(x) + C$$

▲「不定積分」とは、面積を具体的な値として求めるのではなく、原始関数を求めることである。

い限り、具体的な値を出すことはできません。

そこでまず、範囲を限定せずに原始関数を求める積分を、**不定積分**と呼びます。79ページの公式は、すべて不定積分の公式です。

これに対し、範囲を区切って面積を求める積分を**定積分**といいます。「xの値がaのところからbのところまでを積分する」と範囲を決めることで、具体的な値を求めるのです。

この定積分を求める区間を**積分区間**といいます。また、区間の始点aを**下端**、区間の終点bを**上端**と呼んで、85ページの図のように$\int$と組み合わせた式で表現します。

◆定積分の計算

定積分の計算も、とても簡単です。

定積分 ☞ 積分区間を区切って面積を求める

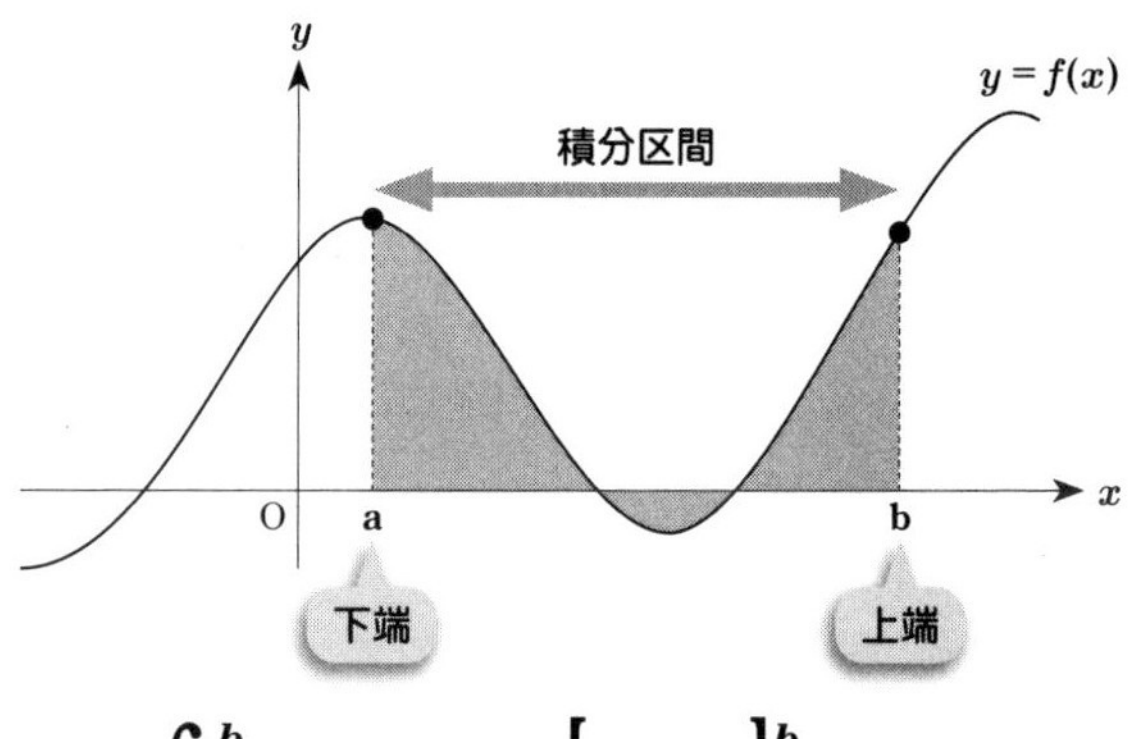

$$\int_a^b f(x)dx = \Big[F(x)\Big]_a^b$$

$$= F(b) - F(a)$$

積分区間の間の面積

「積分区間の終点までの面積」というイメージ

「積分区間の始点までの面積」というイメージ

▲「定積分」とは、区間を区切って面積を求めることであり、具体的な値を出すことができる。

まず、79ページの公式を使って、原始関数（不定積分）を求めます。

そして、「原始関数のxに、上端（積分区間の終点）のbを代入したもの」から、「原始関数のxに、下端（積分区間の始点）のaを代入したもの」を引けばよいのです。

この**引き算**には、**積分定数のCを消す**役割もあるので、定積分では、具体的な数値として明確な答えを得ることができます。

「奇妙な形」なら積分におまかせ!!

こんな図形の面積・体積もわかる！

◆ふたつの曲線に囲まれた面積

積分を使うと、下図のような複雑な図形の面積も求められます。これまで見てきた図形は、上側だけが曲線で、下側はx軸（直線）でしたが、今回は**曲線と曲線に囲まれた図形**です。ここでは、概要だけ紹介します。

このような場合は、曲線が表す関数の式を計算して、ふたつの曲線が交わる**交点**のx座標を求めます。そのx座標が積分区間になります。その範囲で、**「上側の曲線の式」から「下側の曲線の式」を引いて定積分**すれば、容易に面積を求められるのです。

▼ふたつの曲線に囲まれた図形の面積は、ふたつの交点の間を積分区間として、「上の曲線の式から下の曲線の式を引いたもの」を定積分すると求められる。

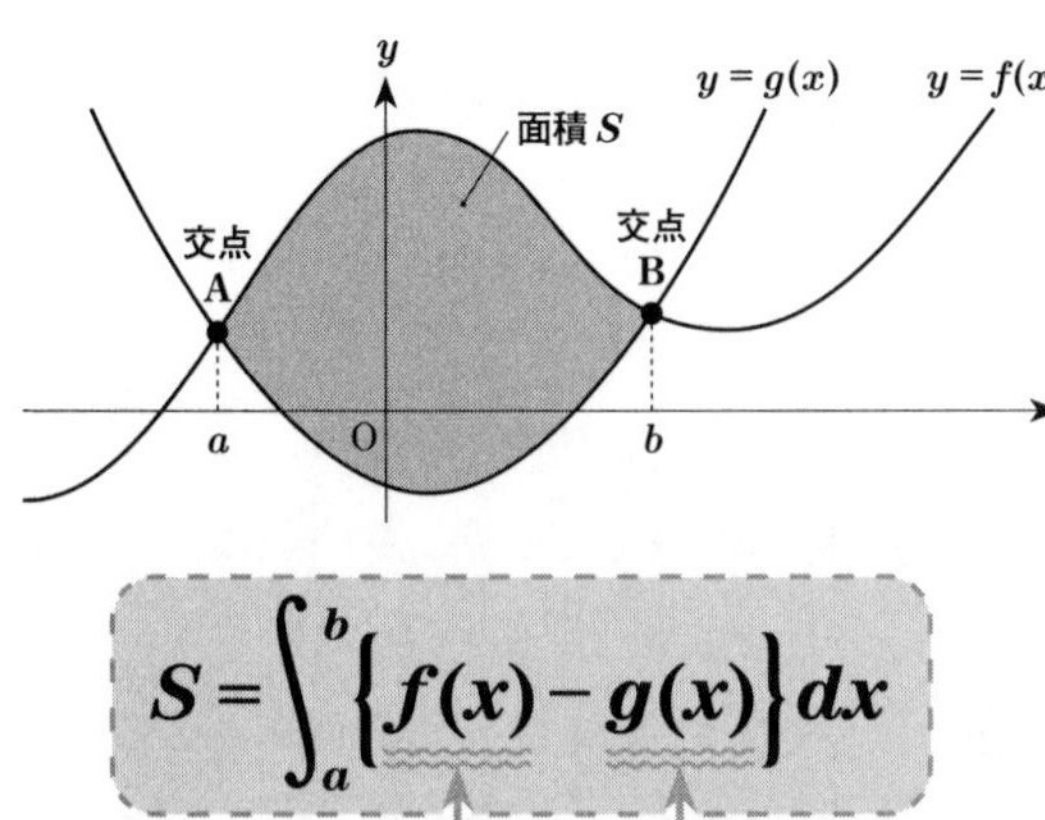

$$S=\int_a^b\{f(x)-g(x)\}dx$$

上の曲線　下の曲線

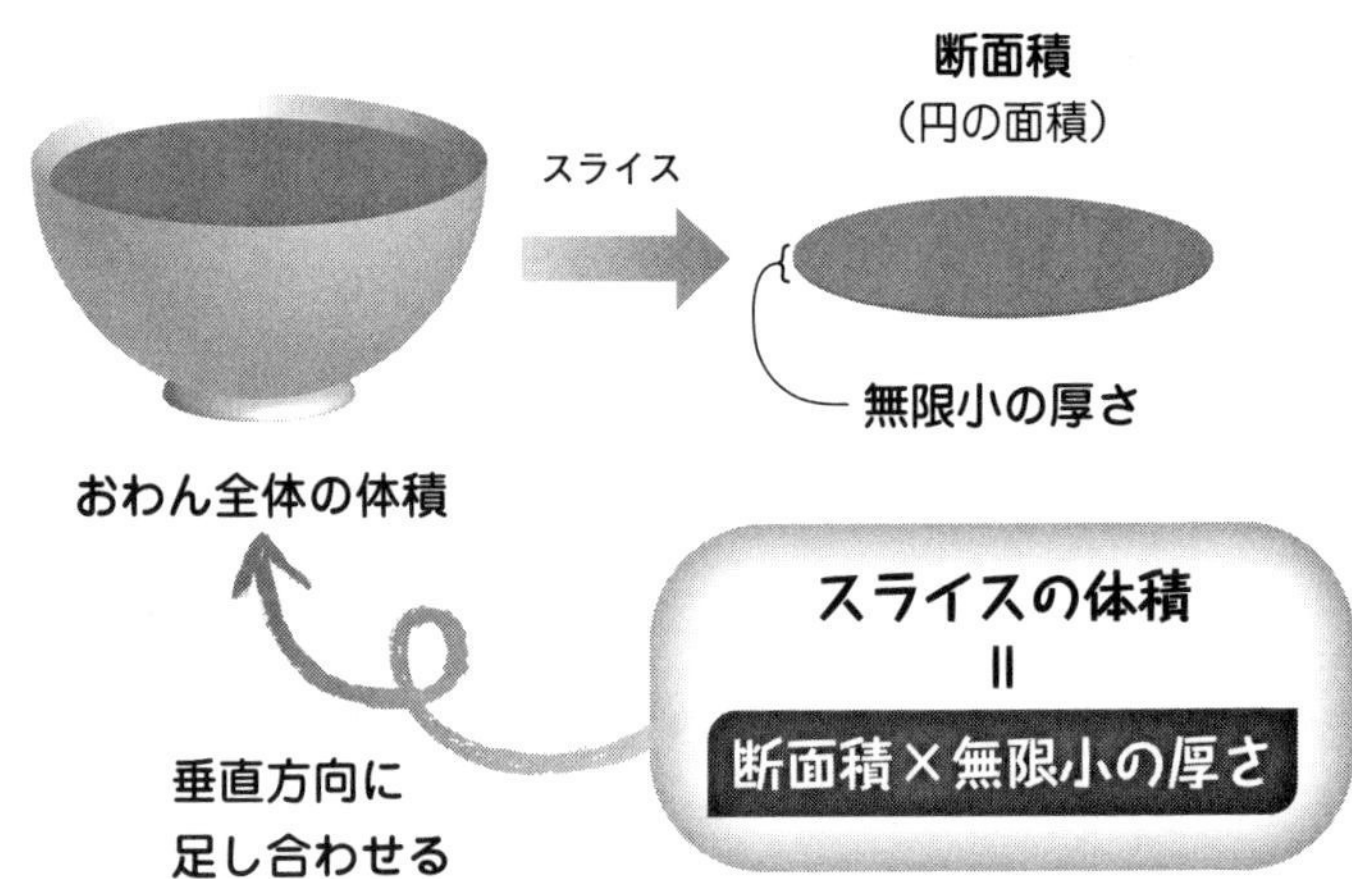

▲立体の体積も、「断面積×無限小の厚さ（幅）」を足し合わせる発想で求められる。

◆立体の体積

平面図形の面積を求めるときは、「縦×無限小の横幅」の短冊を、横方向に足し合わせるイメージで考えましたが、これの応用で、**立体の体積**も求められます。日々の食事で使う、おわんを例に見てみましょう。

おわんを水平に切って、**限りなくゼロに近い厚さのスライス**にしたとします。そのスライスの1枚は、水平方向には**円としての断面積**をもち、垂直方向には**無限小の厚さ**をもっています。ですからこのスライスの体積は、**「断面積×無限小の厚さ」**になります。

このスライスを、面積の場合の短冊のようなものとみなし、**垂直方向に足し合わせていけば**、おわん全体の体積が求められます。

10

ただ面積を求めるだけではない！

位置・速度・加速度の微分積分

◆位置を時間で微分すると速度に

ここまではおもに座標平面のグラフを用いながら、「積分で面積を求めること」を紹介してきましたが、実際には、グラフが**単なる面積以上の意味をもつ**こともしばしばです。

特に物理学においては、「xの変化」の代わりに「時間の変化」を表すt**軸**を横軸としたグラフが多用されています。第1章でも見ましたが、ある物体が移動するときの距離**（位置）**・**時間**・速さ**（速度）**を考えましょう。

小中学校では**「距離÷時間＝速さ」**という式を習います。私たちは日常的には、「ある一定の時間の間に、距離的にどれだけ運動したか」を「速さ」と呼んでいます。

縦軸に「位置」、横軸に「時間」を取り、「時間の変化の中で、運動する物体の位置がどのように変化するか」を示すグラフを描いてみます。等速運動の場合、グラフは1本の直線になり、その傾きが速度を表します。この直線のグラフは、日常的な「距離÷時間＝速さ」の考え方によくマッチしています。

ところが、実際の物体の運動は、つねに等速とは限りません。**加速**や**減速**が起こり、グラフは**曲線**になります。そういう場合、「ある幅の時間における平均の速度」ではなく**瞬**

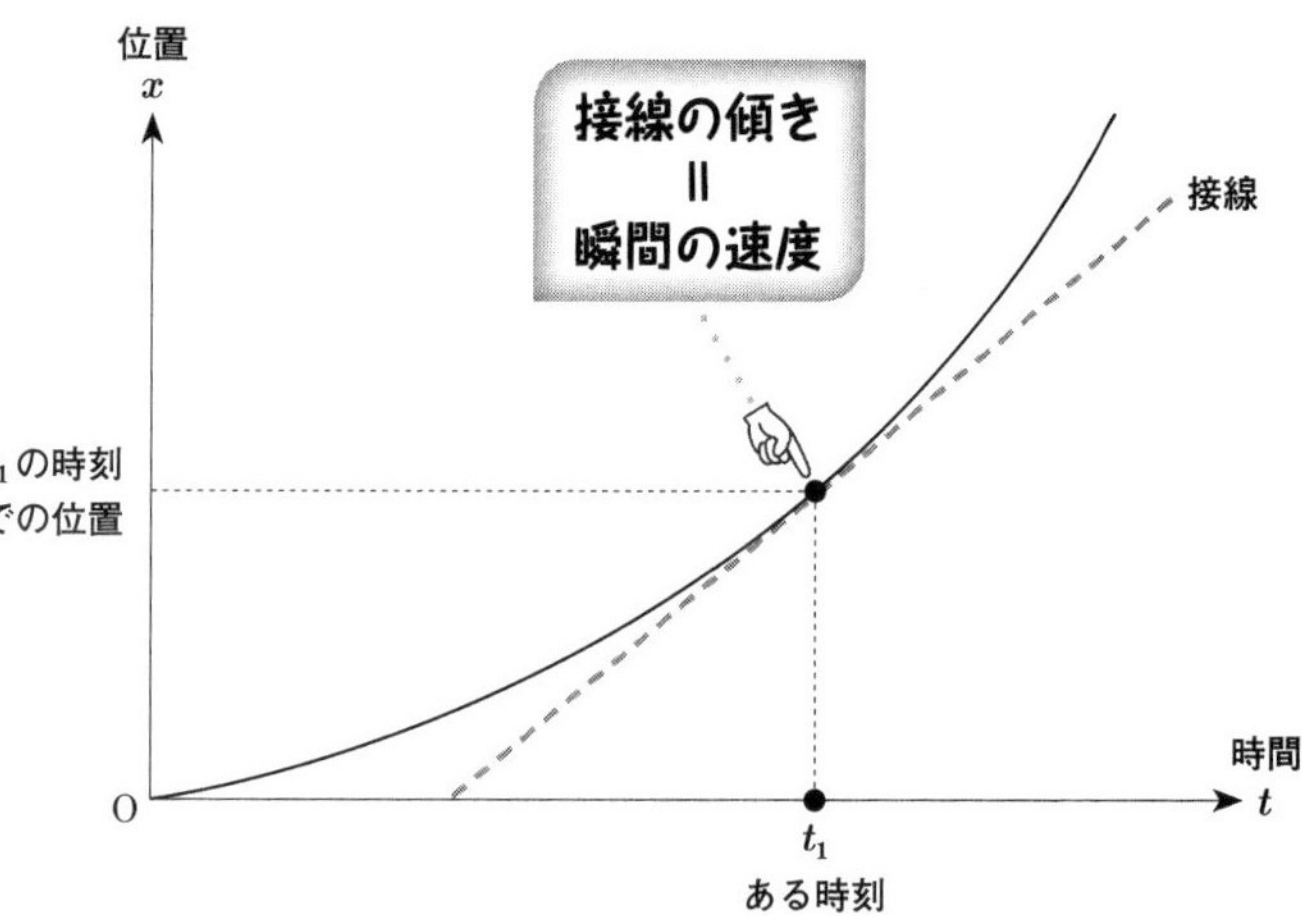

▲時間の経過による位置の変化を表したグラフ。位置を時間で微分すると、瞬間の速度が求められる。12～13ページ、16～19ページも参照。

間の本当の速度を知りたいと思ったら、**「無限にゼロに近い幅の時間で、どれだけ位置が変化するか」**を求める必要があります。これは**微分**であり、グラフ上でも、瞬間の速度は**接線の傾き**として表現されます。

つまり、**位置を時間で微分すると、速度になる**のです。

◆速度を時間で微分すると加速度に

続いては、縦軸に「速度」、横軸に「時間」を取り、「運動する物体の速度が、時間の変化の中でどのように変化するか」を表すグラフを見ていきましょう。

等速運動の場合、グラフは時間軸に平行な直線になりますが、一定の割合で加速や減速

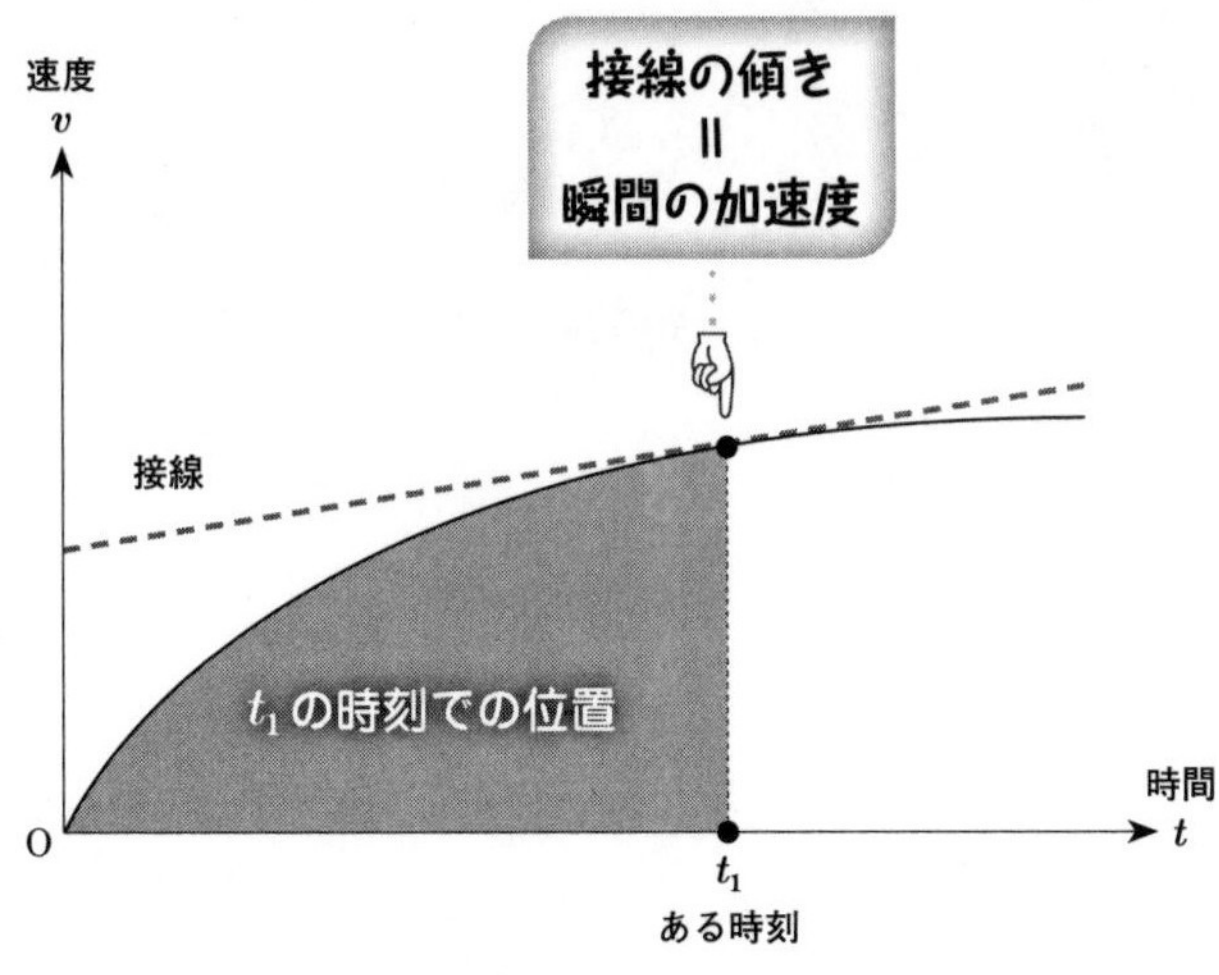

▲時間の経過による速度の変化を表したグラフ。速度を時間で積分すると、曲線と t 軸で囲まれた面積が求められる。この面積は、ある時刻における位置を表す。

をする場合は、グラフは「傾きのある直線」になります。この傾きは「単位時間あたりに、どれだけ速度が変化するか」を表しており、これを**加速度**といいます。

しかし、物体の加速度も、つねに一定とは限りません。**瞬間の本当の加速度**を知りたければ、「**無限にゼロに近い幅の時間で、どれだけ速度が変化するか**」を求めなければなりません。これも微分です。瞬間の加速度はグラフ上には、接線の傾きとして表れます。

つまり、**速度を時間で微分すると、加速度になる**わけです。

◆今度は積分していく

さて、「微分と積分は逆」でした。ですか

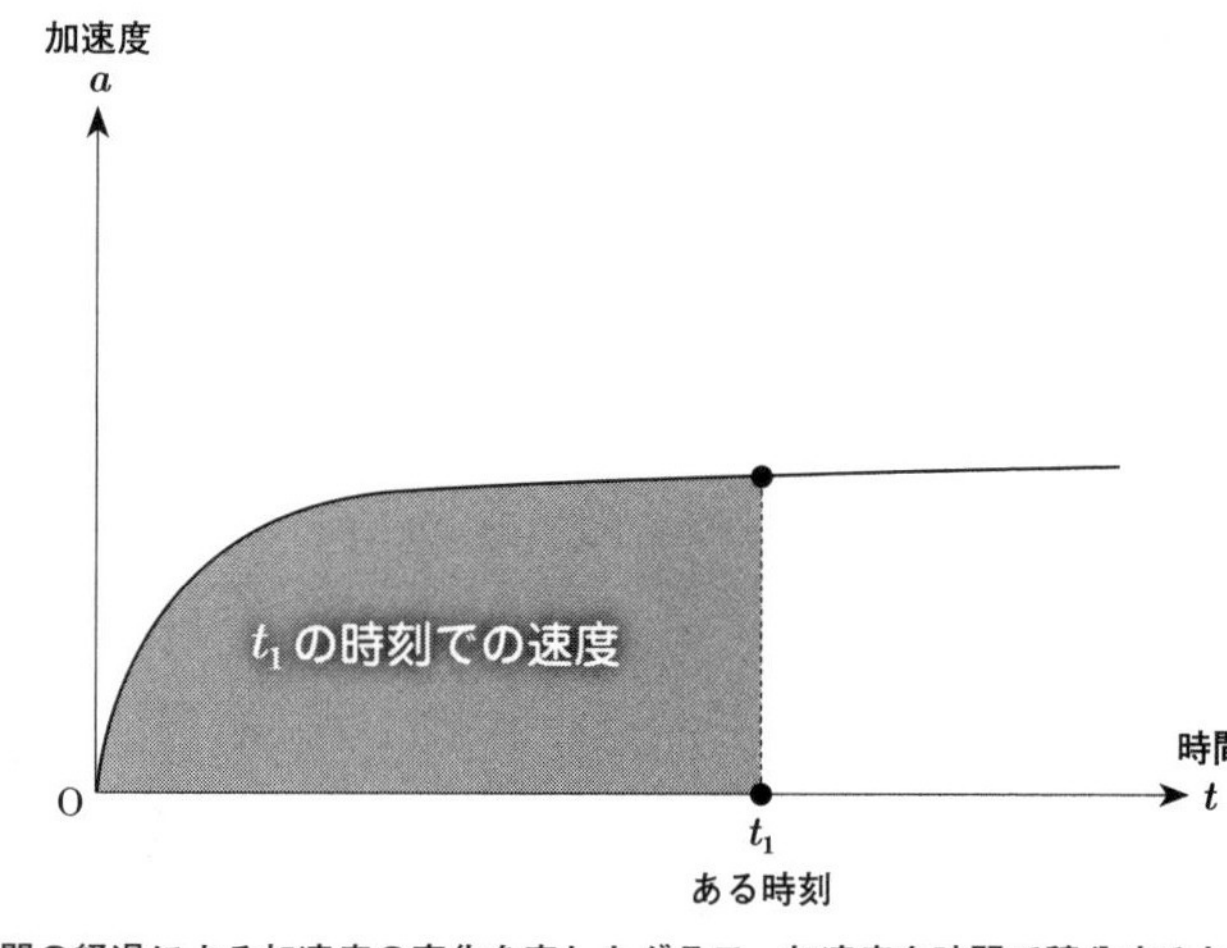

▲時間の経過による加速度の変化を表したグラフ。加速度を時間で積分すると、曲線と t 軸で囲まれた面積が求められる。この面積は、ある時刻における速度を表す。

ら、**加速度を時間で積分すると速度になり、速度を時間で積分すると位置になります。**

　このことはグラフ上で、曲線と時間軸に囲まれた**面積**として、視覚的にとらえることができます。

　縦軸に「速度」、横軸に「時間」を取ったグラフでは、面積は「速度×時間」で位置（移動した距離）を表します。速度を時間で積分した面積は、位置を意味するわけです。

　同様に、縦軸に「加速度」、横軸に「時間」を取ったグラフでは、加速度（速度の変化）を時間で積分した面積は、速度を意味します。

「位置を微分すると速度に、速度を微分すると加速度になる」「加速度を積分すると速度に、速度を積分すると位置になる」——この関係は、物理学において非常に重要なものです。

11

波のようなグラフは応用範囲が広い！

三角関数とその微分積分

◆角度が変数の関数

微分・積分される関数は、2次関数や3次関数だけではありません。$y = x^n$ とはまったく違う形の関数に、たとえば**三角関数**があります。「三角形についての関数かな」と思わせる名前ですが、「**角度」についての関数**と考えたほうが、本質をつかみやすいでしょう。

下図のように、座標平面上に原点Oを中心として、x 軸の正の部分Ox 方向から $\boldsymbol{\theta}$（**シータ**）という角度だけ回転した半直線（**動径**といいます）を引きます。この角度 θ が、**三角関数の主役になる変数**です。

▼「三角関数」は、「角度」についての関数である。角度について考えるため、座標平面上に、角度 θ だけ回転した「動径」と、「単位円」を設定し、直角三角形 OPH を作る。

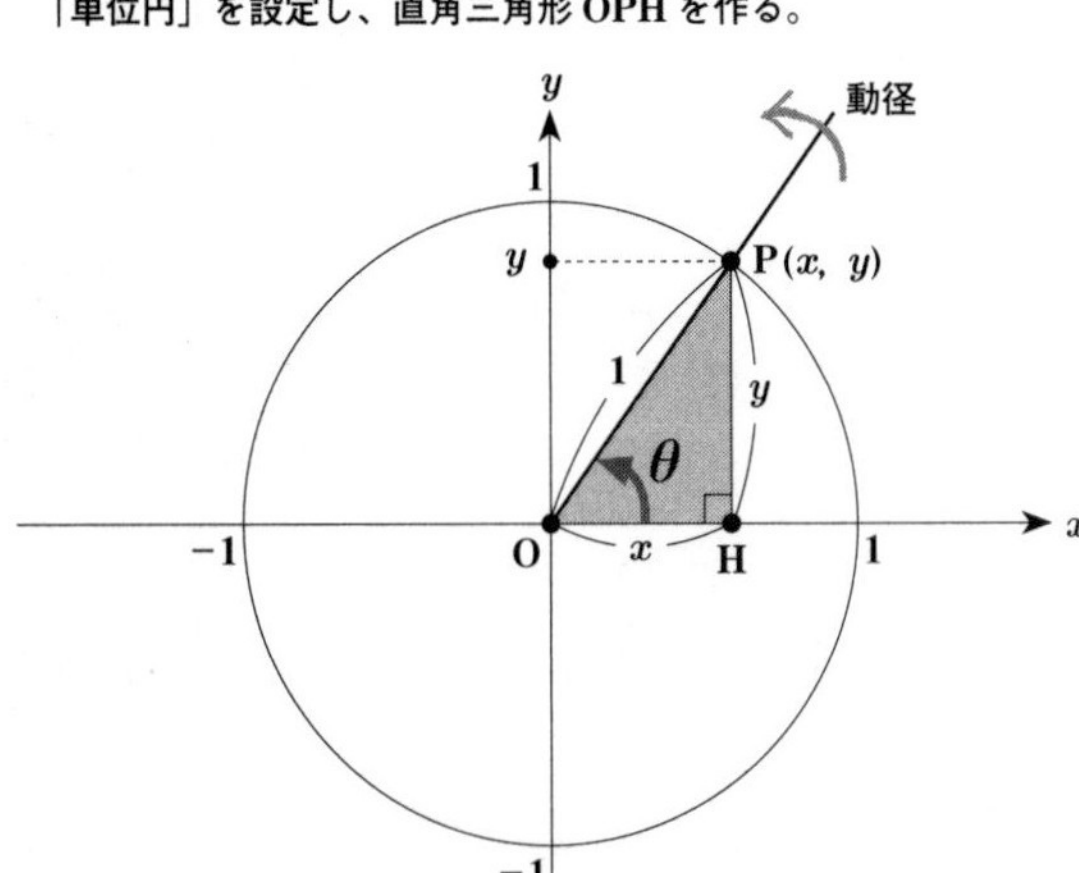

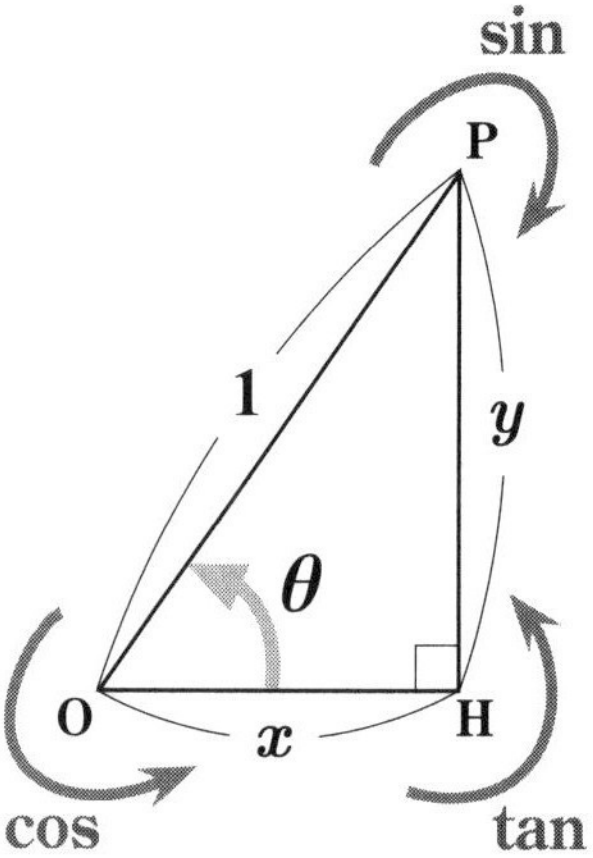

sin　P　1　y　θ　O　x　H　cos　tan

直角三角形**OPH**における3辺の比を次のように定める。

$$\sin\theta = \frac{\mathrm{PH}}{\mathrm{OP}} = \frac{y}{1} = y$$

$$\cos\theta = \frac{\mathrm{OH}}{\mathrm{PO}} = \frac{x}{1} = x$$

$$\tan\theta = \frac{\mathrm{HP}}{\mathrm{OH}} = \frac{y}{x}$$

▲これは、「2辺OPとPHの比を、$\sin\theta$と呼ぶことにする」「2辺POとOHの比を、$\cos\theta$と呼ぶことにする」「2辺OHとHPの比を、$\tan\theta$と呼ぶことにする」という「定義」である。これらの「比」を「三角比」という。

◆三角比と三角関数

このθについて考えるために、原点Oを中心に、半径1の円（**単位円**）を描きます。この単位円と動径との交点をPとし、そのx座標をx、y座標をyとします。また、点Pからx軸に垂線を下ろし、x軸との交点（**垂線の足**といいます）をHとします。

こうして、角度θを中心に、**直角三角形OPH**ができました。この直角三角形の3つの辺の間で、上図のような3組の比を考えます。

この3組の比を、それぞれθの**正弦**（**サイン**、sin）、**余弦**（**コサイン**、cos）、**正接**（**タンジェント**、tan）と呼ぶことにします。

そしてこれらを、**三角比**と総称します。

sin*θ*と**cos*θ***と**tan*θ***はそれぞれ、直角三

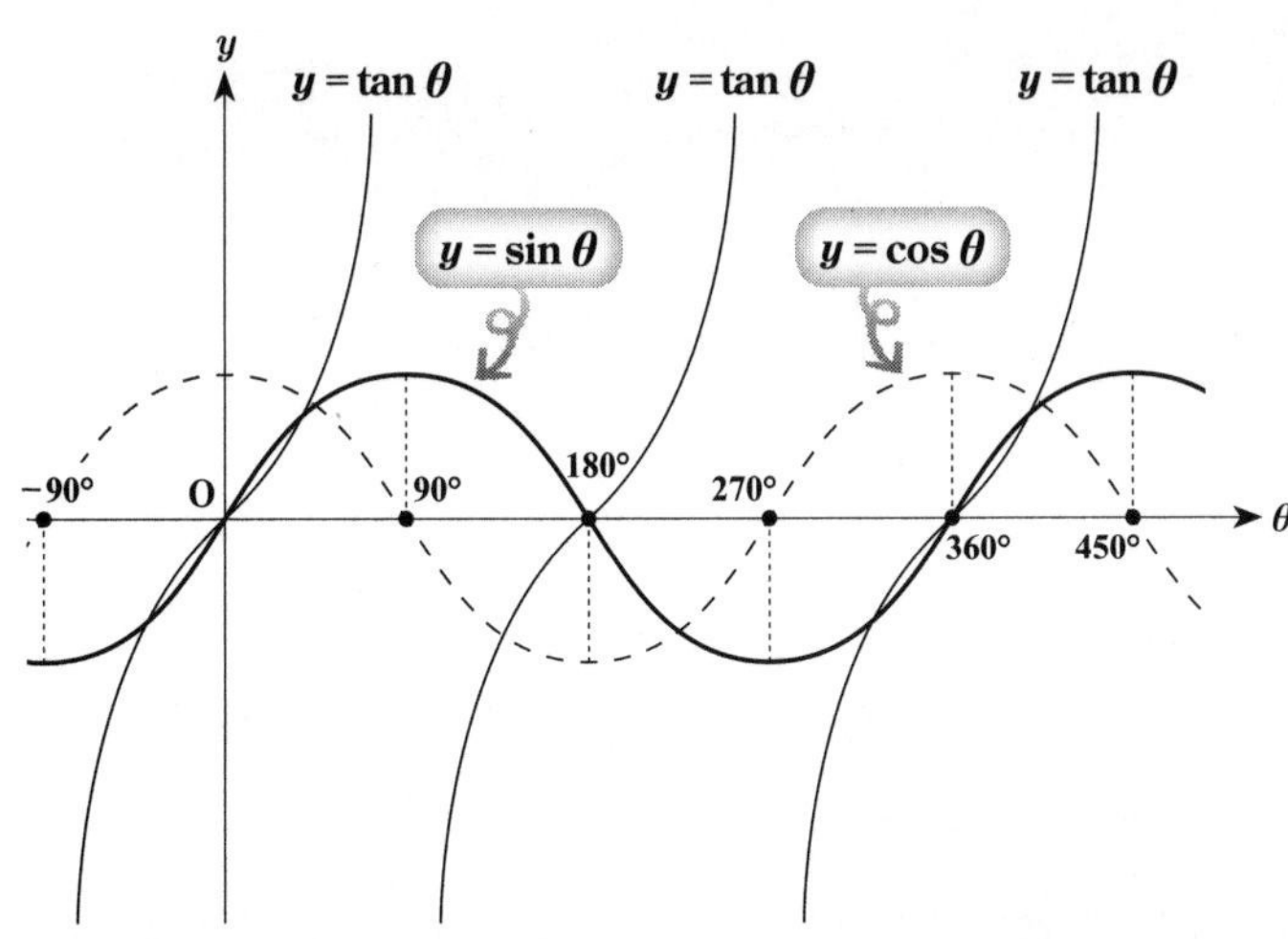

▲「三角関数」のグラフ。$y = \sin\theta$ と $y = \cos\theta$ のグラフは、周期をもつ波のような形であり、さまざまな自然現象や人間の営みを表現することに利用される。

角形OPHの**辺の比**ですが、同時に、変数θ（角度）の変化に応じて値が変わるような**関数**でもあります。そのような観点から「**角度θの関数**」として見られたとき、$\sin\theta$と$\cos\theta$と$\tan\theta$は、**三角関数**と呼ばれます。

三角関数の$\boldsymbol{y = \sin\theta}$、$\boldsymbol{y = \cos\theta}$、$\boldsymbol{y = \tan\theta}$のグラフを描くと、上図のようになります。角度$\theta$の値を変化させたとき、サイン、コサイン、タンジェントがどう変化するかを追ったグラフです。

サインとコサインのグラフは形が同じで、θ軸方向に少しずれているだけです。1とマイナス1の間を行ったり来たりする**波のような形**で、**正弦曲線**（せいげんきょくせん）（**サインカーブ**）と呼ばれます。タンジェントのグラフだけ形が違い、**正接曲線**（せいせつきょくせん）（**タンジェントカーブ**）といいます。

第1章
第2章

第4章
第5章
第6章
第7章
第8章

三角関数の微分

$$(\sin\theta)' = \cos\theta$$

$$(\cos\theta)' = -\sin\theta$$

$$(\tan\theta)' = \frac{1}{\cos^2\theta}$$

三角関数の積分

$$\sin\theta = \int\cos\theta\, d\theta$$

$$\cos\theta = -\int\sin\theta\, d\theta$$

$$\tan\theta = \int\frac{1}{\cos^2\theta}\, d\theta$$

▲三角関数の微分と積分の公式。三角比の間にはさまざまな関係があり、それらをうまく用いれば導出できるが、ここでは結果のみを示す。

◆三角関数の微分積分

この三角関数を、微分積分してみます。$\sin\theta$ は、微分の定義（53ページ参照）に従って微分すると、面白いことに $\cos\theta$ になります。また、積分すると $-\cos\theta$ になります。サインとコサインは、微分積分によって行ったり来たりするのです。またタンジェントは、サインとコサインで表せるため、これらの組み合わせを使って微分積分します。

三角関数は、角度について考えるときに用いられるだけでなく、周期的に変化する波のようなグラフが、さまざまな研究に応用されています。特に音波や電磁波など複雑な波を扱う**フーリエ変換**（第6章参照）は、三角関数の微分積分から発展した理論です。

12

不思議な「ネイピア数」がカギを握る！

指数関数・対数関数と微分積分

◆指数を変数とする関数

$y=x^n$ のような関数は、1次関数、2次関数、3次関数といった形ですでに見ました。これは、変数 x を「何乗するか」は最初から決まっていて、x の値をひとつに決めるとき、y の値もただひとつに決まるという関数です。

これを少しだけ変形し、

$$y=a^x$$ （ただし a は1でない正の定数）

とすると、意味が大きく変わります。「ある決まった数 a があって、これを x 乗すると、y になる」という関係です。

a の右肩に乗る**指数 x** が変数になっていて、x に何かを入力すると、その値に応じた出力 y が得られるわけですから、これも x の関数だといえます。

指数を変数とする関数なので、**指数関数**（しすうかんすう）と名づけられています。またこのとき、指数を乗せた数 a を、**底**（てい）と呼びます。

一般に、指数関数をグラフにすると、底 a が1より大きい場合は右上がり、a が0から1までの場合は右下がりの曲線になります。

指数関数は、「一度に a 倍に増えるものが、次はさらに a 倍に増える」といった意味をもち、さまざまな自然現象をかなりの程度表現できます。

指数関数

$$y = a^x \quad (a > 0,\ a \neq 1)$$

$a > 1$のとき

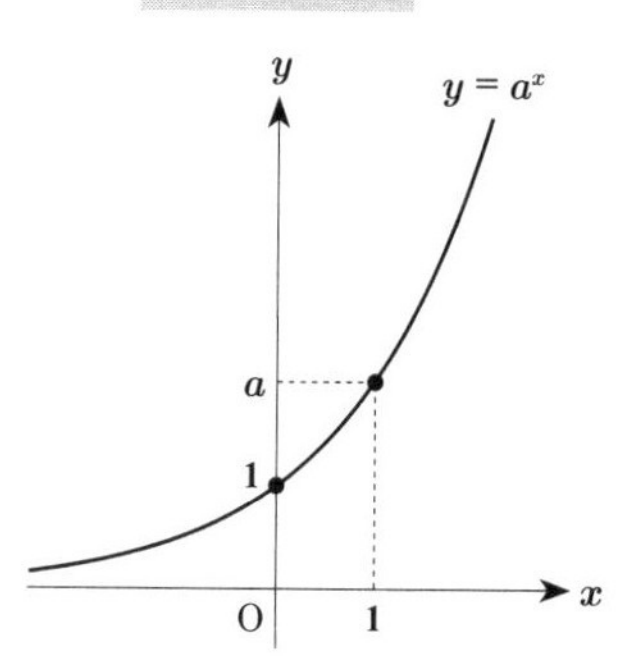

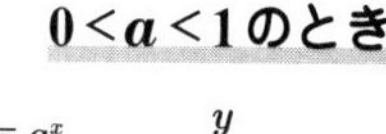

y = a^x
y
1/a
1
−1 0
x

▲「指数関数」の公式とグラフ。

◆対数と対数関数

指数関数とは、

$$a^p = M \quad \cdots\cdots ①$$

という関係があったとき、底aをかけ合わせた回数（指数）pがわかれば、計算結果が「M＝」の形で出力される関数だといえます。

しかし逆に、Mがすでにわかっていて、そのMが「aの何乗になっているか」を「p＝」の形で知りたい場合もあるでしょう。そこで、①を強引に「p＝」の形にしたものを、

$$p = \log_a M$$

と書く、というルールが作られました。このとき、pを「aを底とするMの**対数**（たいすう）」といい、Mを「aを底とするMの**真数**（しんすう）」といいます。

「対数」とは、「底aを何乗すれば、真数M

対数関数

$$y = \log_a x \quad (a > 0,\ a \neq 1)$$

$a>1$のとき

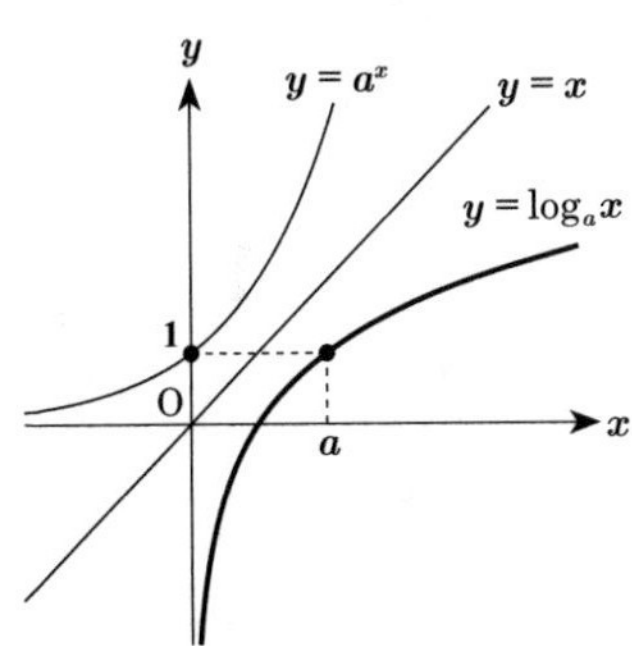

$0<a<1$のとき

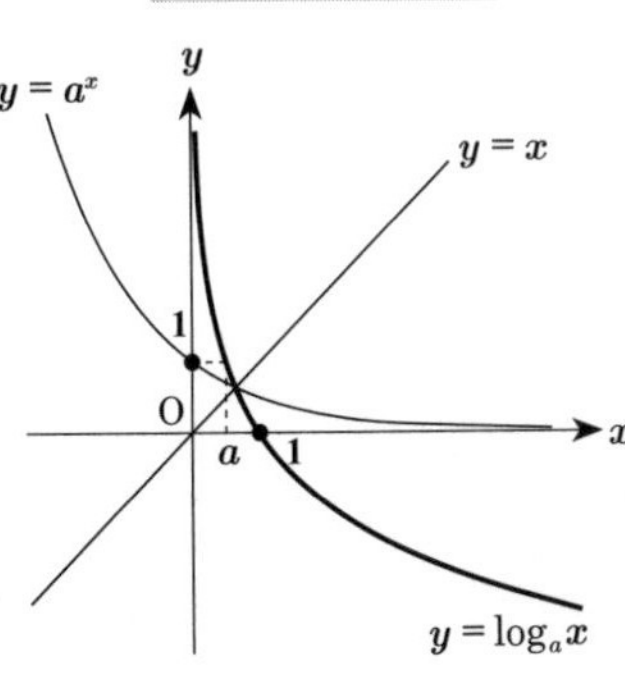

▲「対数関数」の公式とグラフ。

になるか」を表す数であり、これが**log**という記号（logarithm の略）で表現されます。

そして、指数関数とは逆に、①のMを入力xに、pを出力yに取った、

$$y = \log_a x$$

という形の関数を、**対数関数**といいます。対数関数のグラフは、指数関数$y = a^x$のグラフと、直線$y = x$に関して対称になります。

◆ネイピア数と自然対数

さて、指数関数と対数関数に関係する、非常に重要で面白い、**ネイピア数**という数があります。これは2.7182818……という無限小数（無理数）であり、eの記号で表します。

整数でも分数でもなく、きわめて中途半端

指数関数 $y = a^x$

$$(a^x)' = a^x \log_e a$$

$e = 2.7182818\cdots$
（ネイピア数）

底が e のとき

$$(e^x)' = e^x \quad \cdots ②$$

何回微分しても変わらない

対数関数 $y = \log_a x$

$$(\log_a x)' = \frac{1}{x \log_e a}$$

底が e のとき

$$(\log_e x)' = \frac{1}{x} \quad \cdots ③$$

きれいな形になる

▲指数関数・対数関数の微分の公式（導出は煩雑なためここでは省略）には、「自然対数」（「ネイピア数」を底とする対数）が現れる。さらに底 a がネイピア数のときを考えると、計算に使いやすい、すっきりした形になってくれる。

に見えますが、自然界の至るところに見いだされる数であり、また、計算上非常に便利な性質をもっています。

まず上図②のように、ネイピア数を底とする指数関数は、**何回微分してももとのまま**という、不思議な性質をもっています。微分と積分は逆演算ですから、**何回積分しても、やはり変化しない**ことになります。

また、ネイピア数を底とする対数を**自然対数**といいます（ネイピア数のことを**自然対数の底**とも呼びます）。そのような対数関数は、微分すると上図③のとおり、非常にきれいな形になってくれます。

ネイピア数を底とする指数関数や対数関数は、計算が簡単なため有用性が高く、さまざまなところで利用されます。

COLUMN 03

教科書ではなぜ感動できないのか

微分積分を高校の教科書で学習するとき、まずは微分から入り、そのあとで「微分の公式を逆にした計算を、積分といいます」「その図形的な意味は、面積を求めることです」というふうに積分へと導かれていくことが多いようです。

しかしじつは、次の第4章でも扱いますが、**数学史的な順番は逆**です。積分のほうが古く、微分はかなりあとになって出現しました。

本書はいちおう、一般の学習体験の順序にのっとって、微分→積分の順序で進んできました。しかし、積分に移るときに、いきなり「微分を逆にすると積分になります」という説明はしていません。

というのも、「微分と積分は逆演算である」という**微分積分学の基本定理**（80ページ参照）が、いかに重要で感動的な発見だったかを、多少なりともお伝えしたかったからです。

もともと積分には「公式」など存在せず、コンピューターもない時代に、いちいち細かい数字を足し合わせていました。しかし17世紀、「積分は微分の逆である」ということがわかります。微分の公式の逆として、積分の簡単な公式が現在あるのも、この定理のおかげなのです。煩雑な計算から解放された当時の数学者は、どれだけ感動したことでしょう。

積分を最初から「微分の逆」と紹介するのでは、微分積分の最も重要な定理にふれる感動が、薄れてしまうのではないでしょうか。

微分積分の誕生と発展

古代ギリシアで嫌われた「無限」

アキレスは亀に追いつけないのか？

◆古代ギリシア数学の特徴

この章では、**微分積分**の考え方が生まれ、やがて完成するに至る歴史を追っていきます。まずは、**古代ギリシア**の話から始めましょう。

古代ギリシアでは、「数」を重視した哲学者**ピタゴラス**（前582～前496年）や、理性によって認識される真理（**イデア**）を論じた哲学者**プラトン**（前427～前347年）により、数学は哲学と結びつけられ、真理の探究として理論的に確立しました。

古代ギリシアの数学には興味深い特徴がありました。それは「**無限」を嫌った**ことです。

◆アキレスと亀

ピタゴラスとプラトンの間くらいに活躍した、**エレアのゼノン**（前490頃～前430年頃）という哲学者がいます。彼はさまざまな**パラドックス**（論理的に正しそうなことの積み重ねが、常識に反する結論に至ること）を提示して人々を悩ませましたが、特に有名なパラドックスが「**アキレスと亀**」です。

俊足（しゅんそく）の英雄アキレスが、動きの遅い亀に追いつこうとしても、彼が亀の位置まで移動している間に、亀はほんの少し先に進んでいる。これが「無限」回くり返されるとすると、ア

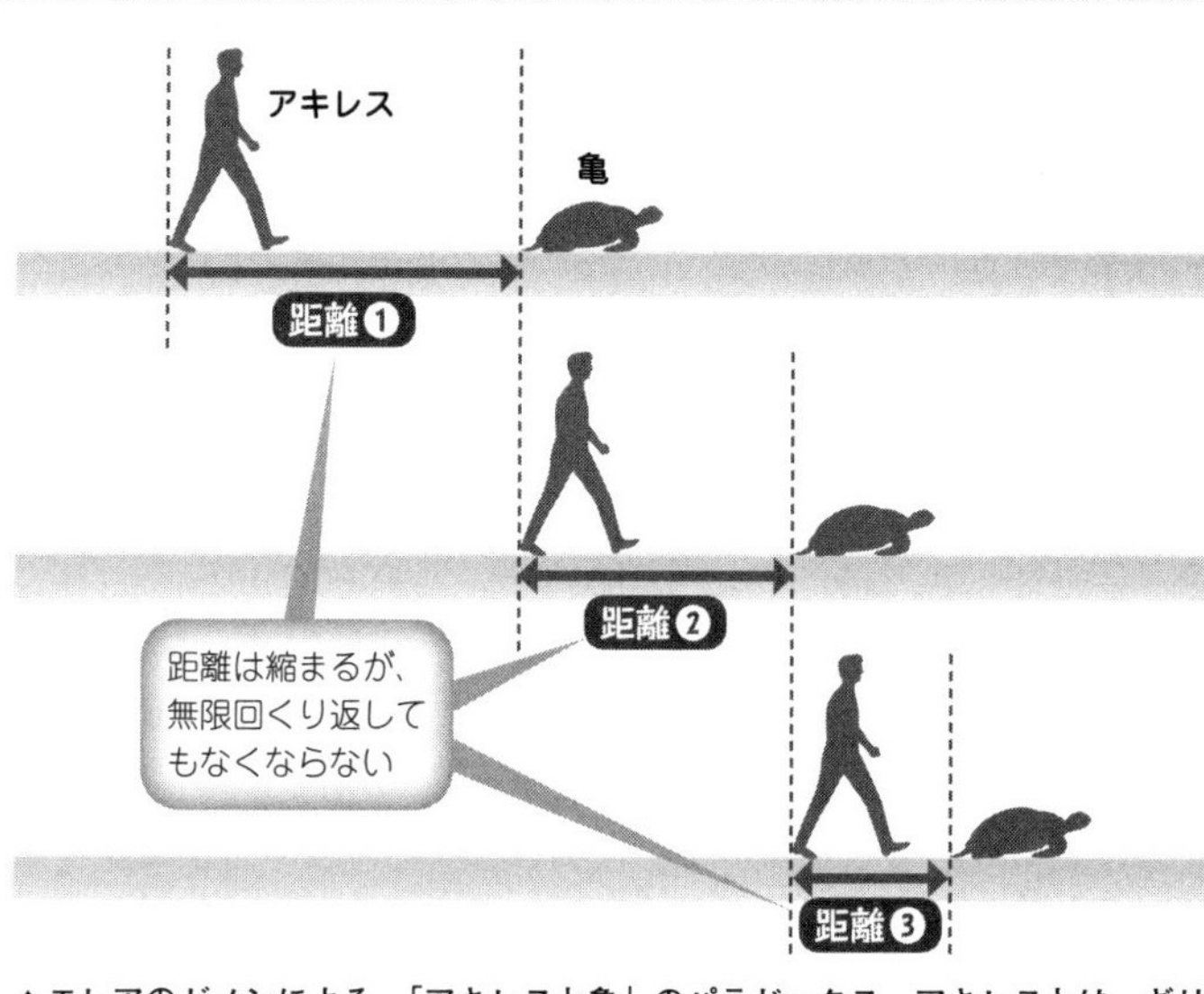

▲エレアのゼノンによる、「アキレスと亀」のパラドックス。アキレスとは、ギリシア神話に登場する英雄である。

キレスはいつまでも亀に追いつけません。

もちろん実際は、アキレスはすぐに亀に追いつくはずですが、ゼノンの論理は、常識はずれの結論を導き出してしまいます。

パラドックスが生じたのは、「無限」という概念を、不必要なところに用いているからだと考えられます。古代ギリシア人たちは、このような混乱をもたらす「無限」という得体の知れないものを、数学から排除しようとしました。

古代ギリシアの数学が、高いレベルに達しながらも微分積分を生み出せなかった原因のひとつは、「無限」を避けたことだといえるでしょう。微分積分の方法が作られるには、**極限**（「〜に限りなく近づく」という考え方）や**無限小**といった概念が必要になるのです。

積分の起源はここにある？

アルキメデスと取り尽くし法

◆小さい面積の足し合わせ

少し時代が下り、ギリシア風文化が東方にも広まった**ヘレニズム**の時代、「古代世界最大の数学者」ともいわれる**アルキメデス**（前287頃～前212年）は、さまざまな図形の面積や体積を求める方法（**求積法**）を考案しました。そこには、**積分**につながるような考え方があったとされます。

アルキメデスは、**プラトン**とほぼ同時代の数学者**エウドクソス**（前4世紀）が確立した**取り尽くし法**という手法を用いています。

これは、曲線に囲まれた図形から、その図

▼アルキメデスが利用した「取り尽くし法」の発想の基本的な部分。実際は、「背理法」という別の考え方とともに用いられたが、ここではその詳細は省く。

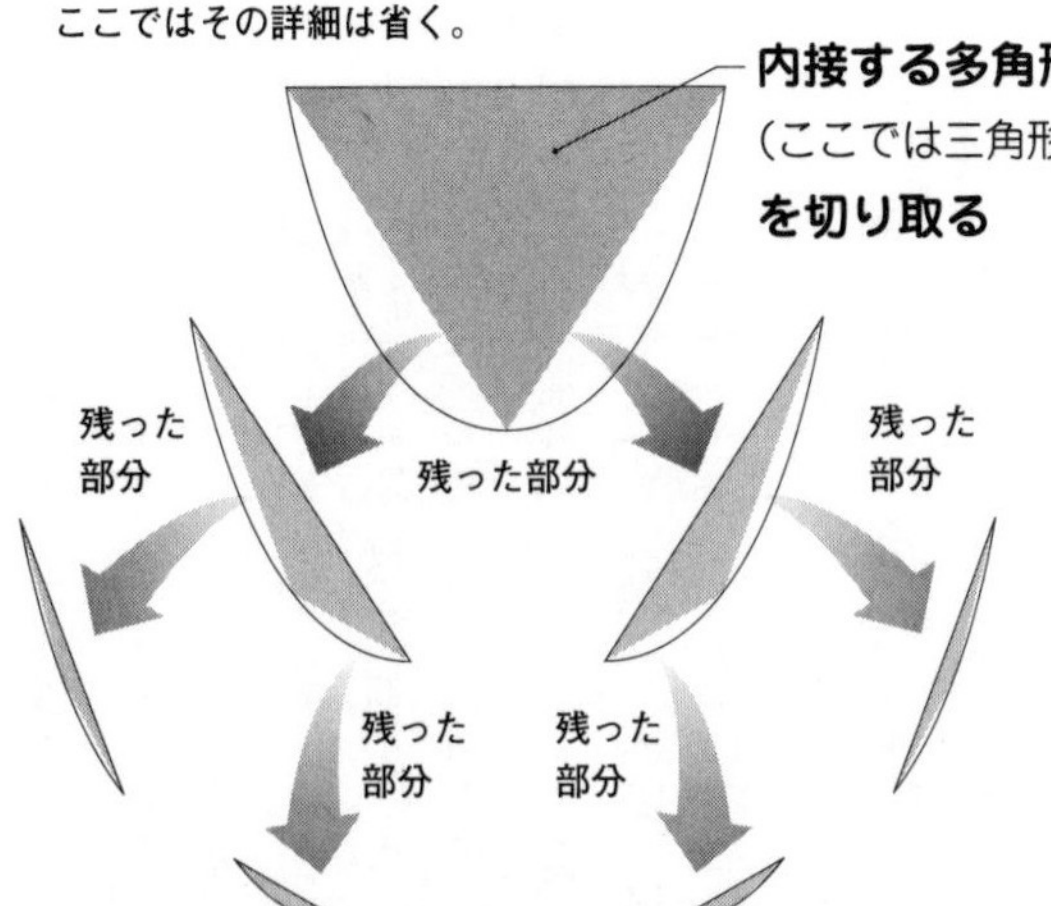

▲アルキメデス。

形に内接する（内側から接する）多角形を切り取り、残った小さい部分から、さらに小さい三角形を切り取ることをくり返す方法です。切り取った小さい面積を足し合わせると、もとの図形の面積に近づくはずだというわけです。

◆無限に気づいていたか

誤解されていることが多いのですが、古代ギリシアで用いられていた取り尽くし法は、「小さい面積を切り取る」という操作を、積分のように無限回行うわけではありません。

詳細はかなり煩雑になるのでここでは割愛しますが、**背理法**という手法（ある事柄を証明するために、わざと反対のことを仮定して、その仮定の矛盾を明らかにする方法）と組み合わせて、有限回の操作で結論に至ります。

取り尽くし法は、「無限」の考え方が入っていない点で、積分とは似て非なるものだといえます。しかし、だからこそ、「無限」を嫌う伝統をもつギリシアでも、公式な方法として、数学的に正しいと認められていました。

ただし、アルキメデス自身は、「無限」についてある程度の理解をもち、数学的発想に取り入れていたのではないかともいわれています。球などの体積を求めるときも、「無限に薄い断面積を、すべて足し合わせれば立体になる」と考えていたようです。

03

面積・体積を求める発想の継承と発展

ケプラーの求積法

◆扇形の面積の計算

ギリシアを離れ、時代を下ります。17世紀に活躍したドイツの天文学者**ヨハネス・ケプラー**（1571〜1630年）は、惑星の運動に関する**ケプラーの法則**を発見しました。

その第2法則は「惑星と太陽を結ぶ線分が一定時間に通過するところの扇形の面積は等しい」（**面積速度一定の法則**）というものです。

▲ケプラー。

ケプラーは

▼ケプラーの第２法則。同じ長さの時間（ここでは t とする）に、惑星と太陽を結ぶ線分が動いて作る扇形の面積は、つねに等しい。

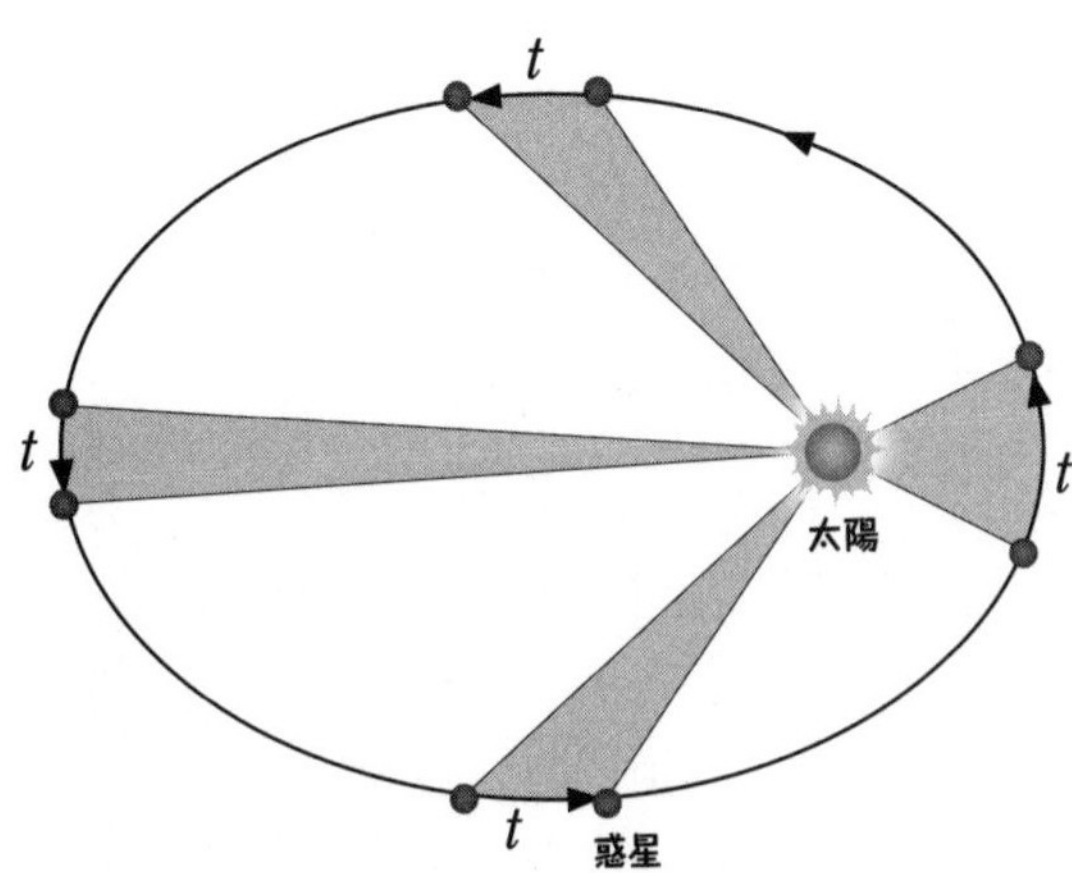

これを、扇形を微小な三角形に分けて面積を足し合わせる、**アルキメデス**的な方法を用いて発見しました。

◆ワイン樽の体積

ケプラーはまた、**体積を求める計算**も行っています。

あるとき、ワインの樽（たる）を買い求めに行ったケプラーは、ワイン売りの商人が、樽に差し入れた棒の濡れた長さから、樽に入っているワインの量を見積もるのを目にします。ケプラーは、その作業が簡単なことに驚き、刺激されて、樽の容量を正確に計算する方法を考えました。

ワインの樽は、「底面積×高さ」で体積を求められるような単純な円柱ではありません。いわば、変化する曲線によって作られた立体です。

ケプラーは、**微分と積分につながるような考え方**で、より正確な体積を求めました。

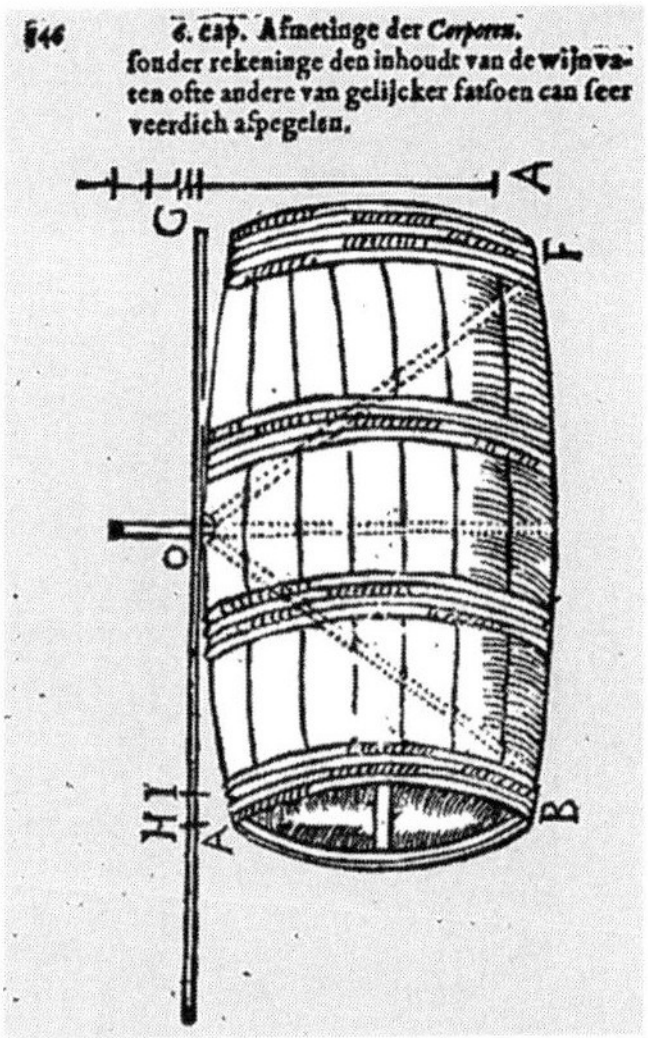

▲樽に入った液体の量（体積）の測り方について書かれた、17世紀の書物より。当時の商人は、樽に棒を差し入れて中身を見積もっていた。

微分の先駆けとなった接線法

デカルトとフェルマーの解析幾何学

◆代数学の発展

16世紀のヨーロッパでは、数の代わりに文字を用いて方程式を研究する**代数学**が発達していました。イタリアで3次方程式と4次方程式の解法が発見されるなどする中、代数に使われる記号も整備され、特にフランスの**フランソワ・ヴィエタ**（1540～1603年）は、現代の**記号代数学**への道を開いたとされます。

そしてこの代数学を、図形にかかわる幾何学と融合させたのが、フランスの**ルネ・デカルト**（1596～1650年）です。

◆図形を数式で表す

哲学者であり「近代科学の祖」ともいわれるデカルトの数学の特徴は、**古代ギリシア的な考え方からの解放**にあります。

古代ギリシアは、図形の性質や法則を体系化した、高度な**ユークリッド幾何学**を生みました。これは、図形をあくまでも図形そのものとして扱うものでした。

これに対してデカルトは、図形やその性質を、**座標**と**代数的な数式**によって取り扱う、**解析幾何学**という方法を創始しました。

私たちが**微分積分**で利用する座標平面上の

数学の伝統

幾何学中心 …… 図形を図形として扱う
同次元の法則 …… 次元の異なるものは一緒に計算できない

打破

解析幾何学

座標と数式を用いて代数的に図形を扱う

デカルト

同次元の法則からの脱却

フェルマー

洗練された座標平面

▲デカルトは、幾何学中心で「同次元の法則」にとらわれていた数学のギリシア的伝統を打ち破ったとされる。また、フェルマーはデカルトよりも洗練された形で座標平面を用いた。

グラフは、この解析幾何学の産物です。

また、古代ギリシア以来、数学は**同次元の法則**というルールに縛られていました。

その考え方では、たとえばa^2という2次の量は「一辺の長さがaの正方形の面積（$a \times a$）」を、b^3という3次の量は「一辺の長さがbの立方体の体積（$b \times b \times b$）」を意味するとみなされます。正方形は2次元（平面）の図形、立方体は3次元（立体）の図形です。このように次元（次数）が異なるものは、同じ土俵で計算することはできないと考えられていました。

しかしデカルトは、2次の量も3次の量も、方程式の項として同等に扱い、同じ代数的な土俵に乗せました。微分積分を含む現在の数学が、さまざまな次数の項を含む式を扱えるのは、デカルトのおかげだといえます。

また代数記号も、デカルトによってほぼ現在の形に整備されました。

◆フェルマーと座標平面

デカルトとほぼ同じ時代のフランスにもうひとり、解析幾何学の基礎を築いた人がいます。法律家として働くかたわら数学を研究し、確率論や**「フェルマーの最終定理」**によって名を遺した、**ピエール・ド・フェルマー**（1607～1665年）です。

彼は、変数 x に対応する横軸と、その関数 y に対応する縦軸を直交させ、x と y の変動を図形として表しました。微分積分にも用いられる座標平面の原型だといえます。

デカルトも、直角に交わる縦軸と横軸に x と y の値を対応させる方法を用いていましたが、x が縦で y が横（現在と逆）になっており、フェルマーほど洗練された形ではありませんでした。

◆接線問題と微分法

デカルトとフェルマーは、**微分法の先駆者**でもあります。

微分とは、曲線上のある点における**接線の傾き**を求めることを意味するのでした。この**接線問題**については、古代ギリシアのユークリッド幾何学でも考察されていましたが、デカルトとフェルマーは解析幾何学的手法によって、研究を著しく前進させたのです。

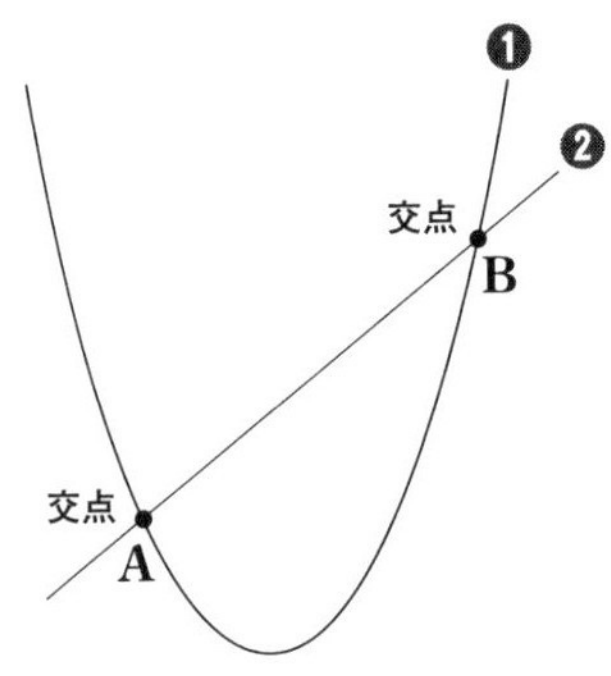

▲フェルマーとの論争をきっかけに、デカルトが生み出した新しい「接線法」は、のちに成立する微分法を先取りしているといえる。

もともとデカルトとフェルマーは、それぞれ独自の考え方で接線にアプローチしていましたが、ふたりの間で接線をめぐる論争が起こり、やがてデカルトが、フェルマーの考え方の修正を通して、まったく新しい接線法を生み出しました。

その新しい接線法を、多少アレンジして紹介しましょう。

曲線❶に対して、これと交わる直線❷を考え、そのふたつの交点をAとBとします。そして、「直線❷が曲線❶の接線となるとき、ふたつの交点AとBが一致する」と考えるのです。これは、2次関数のグラフ上の2点ABの間で**平均変化率**を考えたうえで、BをAに限りなく近づけた、**微分の発想**（42ページ参照）と同じだといえます。

カヴァリエリと不可分量

「無限小の幅」という発想に貢献

◆立体は面に、面は線に

ケプラーは、2次元の図形である扇形の面積を、同じ2次元の図形である微小な三角形に分けて計算しました（106ページ参照）。

イタリアの数学者**ボナヴェントゥーラ・カヴァリエリ**（1598〜1647年）は、ここからさらに一歩進み、「3次元（立体）のものを無限に小さく分けると2次元（平面）に、2次元のものを無

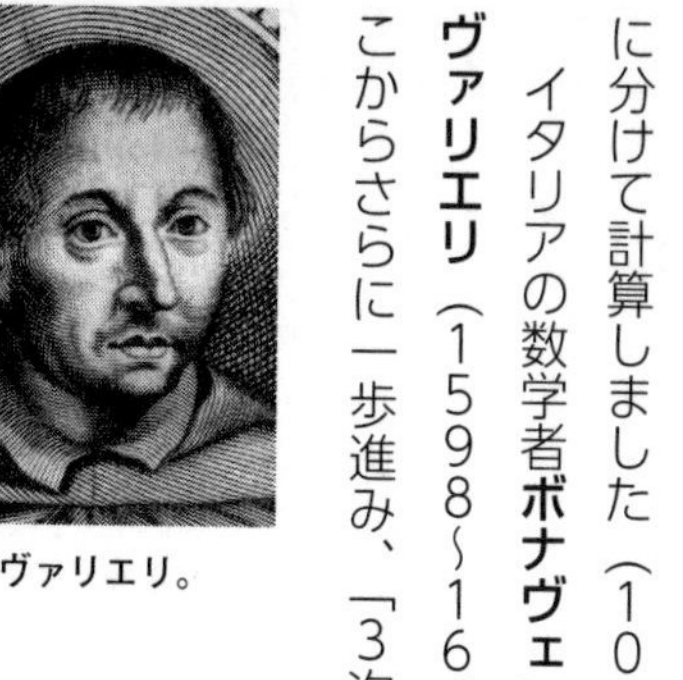

▲カヴァリエリ。

▼「不可分量」の考え方と「カヴァリエリの原理」。

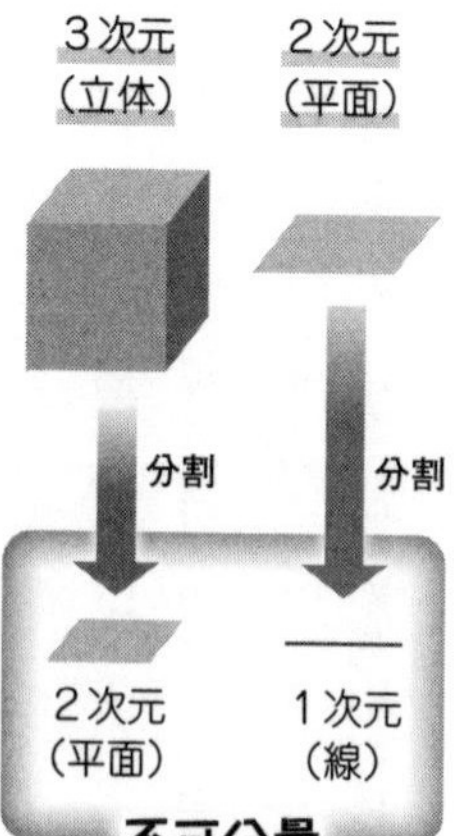

不可分量

切り口の面積がつねに等しい立体図形どうしは体積が等しい

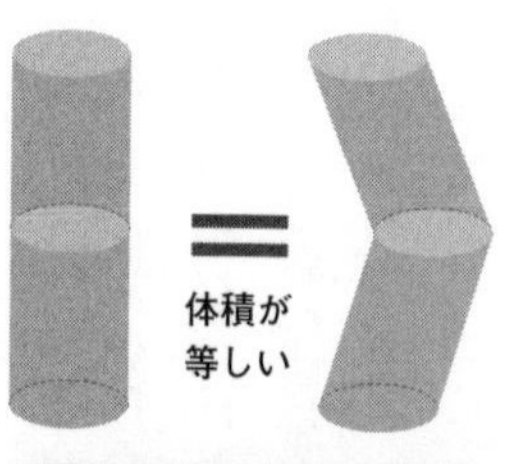

カヴァリエリの原理

（平面でも成り立つ）

限に細かく分けると1次元（線）になる」と考えました。つまり、**どこまでも細かく分けると、次元がひとつ下がる**というのです。

そして、立体を分割してできた面や、面を分割してできた線のように、極限まで分割された基本要素を、**不可分量**（ふかぶんりょう）と呼びました。

◆カヴァリエリの原理

たとえば、円の形に切られた薄い紙を、不可分量だと考えてみましょう。

同じ形の薄い紙が、何百枚も何千枚もあるとして、これをぴったり合うように高く重ねると、円柱になります。これは、「円柱という立体を無限に分割した不可分量は、円形の面である」というのと同じことです。

さて、この円柱の好きなところを、側面から指で押してみます。すると、その部分の何十枚かの紙が少し横に押し出され、全体は、もとの円柱とは違った立体になります。

しかし、この立体の体積は、もとの円柱の体積と同じであるはずです。立体を構成しているものは変わっていないのですから。

これを一般化すると、「**切り口（不可分量としての面）の面積がつねに等しい立体どうしは、体積が等しい**」という法則が導かれます。ひとつ次元を落として、「**切り口（不可分量としての線）の長さがつねに等しい平面図形どうしは、面積が等しい**」との法則も、同様に成り立ちます。この**カヴァリエリの原理**は、無限小の幅を扱う微分積分にとって、非常に重要なものとなります。

不可分量を「無限小」へととらえ直した

パスカルの無限小矩形

◆不可分量のあいまいさ

カヴァリエリは、不可分量としての「線」を集めると、「面」になると考えました。しかし、もともと線は「幅のないもの」として想定された概念です。ですから本当は、それをいくら集めても面にはなりません。

不可分量としての線は、「ひとつだと幅はないけれど、集めると幅が生じるようなもの」としてイメージされているわけですが、このイメージは数学的な厳密さに欠け、あいまいなのです。

この弱点を補ったのが、哲学者としても有名なフランスの数学者**ブレーズ・パスカル**（1623〜1662年）です。

▲パスカル。

◆無限に小さい幅をもつ図形

パスカルは、面を無限に分けていったとき、幅のない（1次元の）線となるのではなく、無限に小さいけれど幅がゼロではない**無限小矩形**になるのだとしました。「矩形」とは長方形のことです。幅があるので、2次元の図

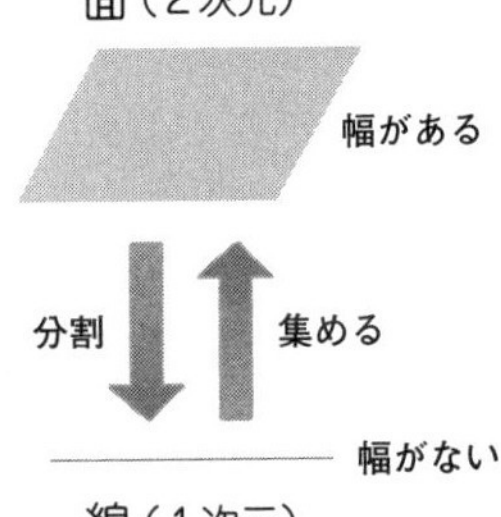

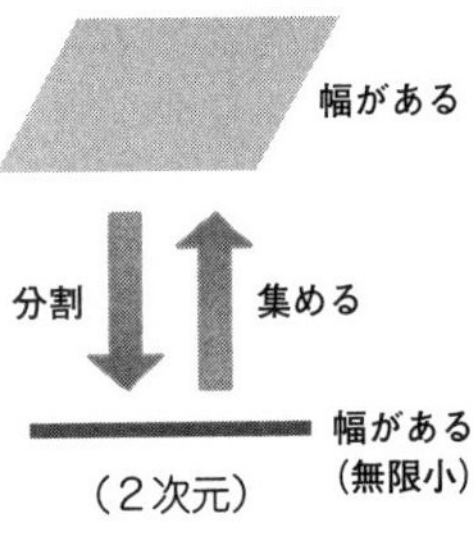

▲パスカルの「無限小矩形」の考え方は、あいまいだった「不可分量」としての線を、「無限小の幅をもつ長方形」としてとらえ直すものだった。

形になるわけです。

不可分量としての線をこのようにとらえ直し、無限小矩形という「限りなく線に近い平面図形」が面を作ると考えれば、「幅はないが、和を作ると幅を生じる」といった矛盾したイメージに頼る必要がなくなります。こうしてカヴァリエリの不明確な観念は、明晰（めいせき）な数学的概念へと移行されたのです。

ところで、パスカルがこの無限小矩形の概念を用いて書いた**「4分円の正弦論（せいげんろん）」**（1658年）という論文の冒頭に、4分円（円を4分割したうちのひとつである扇形）の接線を斜辺とする直角三角形のことが書かれています。この三角形は、のちに**ライプニッツ**（1622ページ参照）に刺激を与え、彼を微分積分法の確立へと導くことになります。

ギリシアへの愛が微分積分の発見を妨げた？

接線法と求積法の関係に迫ったバロー

◆接線法と求積法の関係が明らかに

ここまで、**デカルト**と**フェルマー**による**接線法**の発展と、**ケプラー**、**カヴァリエリ**、**パスカル**による**求積法**の発展を見てきましたが、このふたつの間の関係に着目し、それを明らかにしたのが、イギリスの数学者**アイザック・バロー**（1630～1677年）です。

▲バロー。

バローは1670年の著作で、ある命題の証明と、その逆の場合を扱っている命題の証明とを通して、**接線法と求積法が互いに逆の関係であること**を示しました。

これは、**微分法と積分法が互いに逆演算であること**と対応しています。その意味で、バローの証明は**微分積分学の基本定理**（80ページ参照）につながるものであり、微分積分学の成立を準備したといえます。

◆バローの証明の限界

しかし、バローの証明はあくまでも幾何学的なものであり、代数的な数式によって微分法と積分法の関係が明らかにされたわけでは

接線法 → 微分法
デカルト、フェルマー

求積法 → 積分法
ケプラー、カヴァリエリ、パスカル

逆の関係

バローが発見
微分積分学の基本定理に相当

▲バローは、幾何学的な方法によって、「微分積分学の基本定理」と同じ内容を証明した。

ありませんでした。

17世紀半ばすぎにあっても、数学の正統的形態は、古代ギリシア以来の伝統のある幾何学的なものと考えられていました。代数的な数学は、いまだに正統なものとはみなされていなかったのです。

バローは、代数を使いこなせる力をもっていましたが、伝統的な厳密さを重視する観点から、幾何学的な記述に徹したのでしょう。また彼はギリシア語が巧み（たく）で、古代ギリシアの数学への理解が深かったので、そうしたことも、代数的な数式による記述から彼を遠ざけたといえるかもしれません。

このような限界を超え、近代的な微分積分法を確立したのが、このあとに登場する**ニュートン**と**ライプニッツ**なのです。

ニュートンの流率法

数学と物理学を発展させた天才科学者

◆ニュートンの接線法

17世紀から18世紀にかけて活躍したイギリスの**アイザック・ニュートン**（1642〜1727年）は、歴史上最も有名な科学者といっても過言ではないでしょう。

彼は**運動の法則**や**万有引力**の発見などにより、**古典力学**と呼ばれる近代的な物理学を確立した人物ですが、数学の分野においても、目覚ましい功績を遺しています。

▲ニュートン。

▼ニュートンは、曲線を「小さな点が動いた軌跡」とみなし、その「小さな点」が「o」というほんの一瞬の時間にもつ進行方向を考えた。

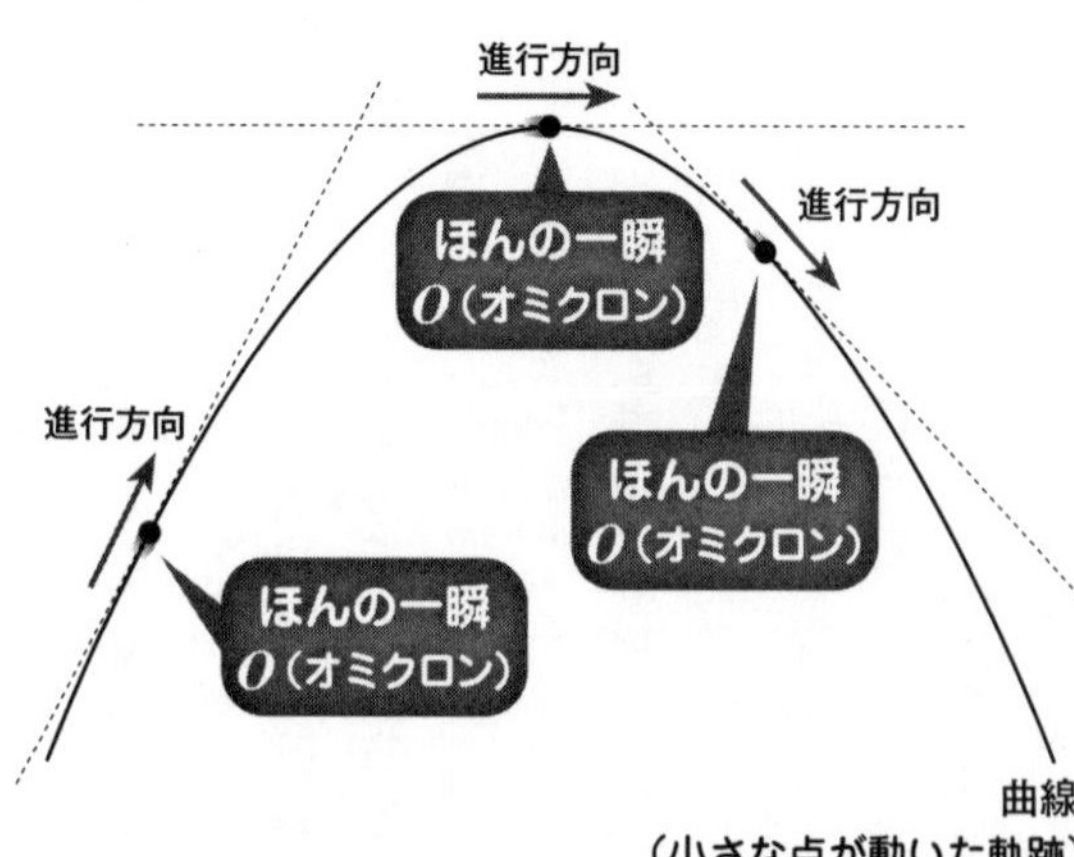

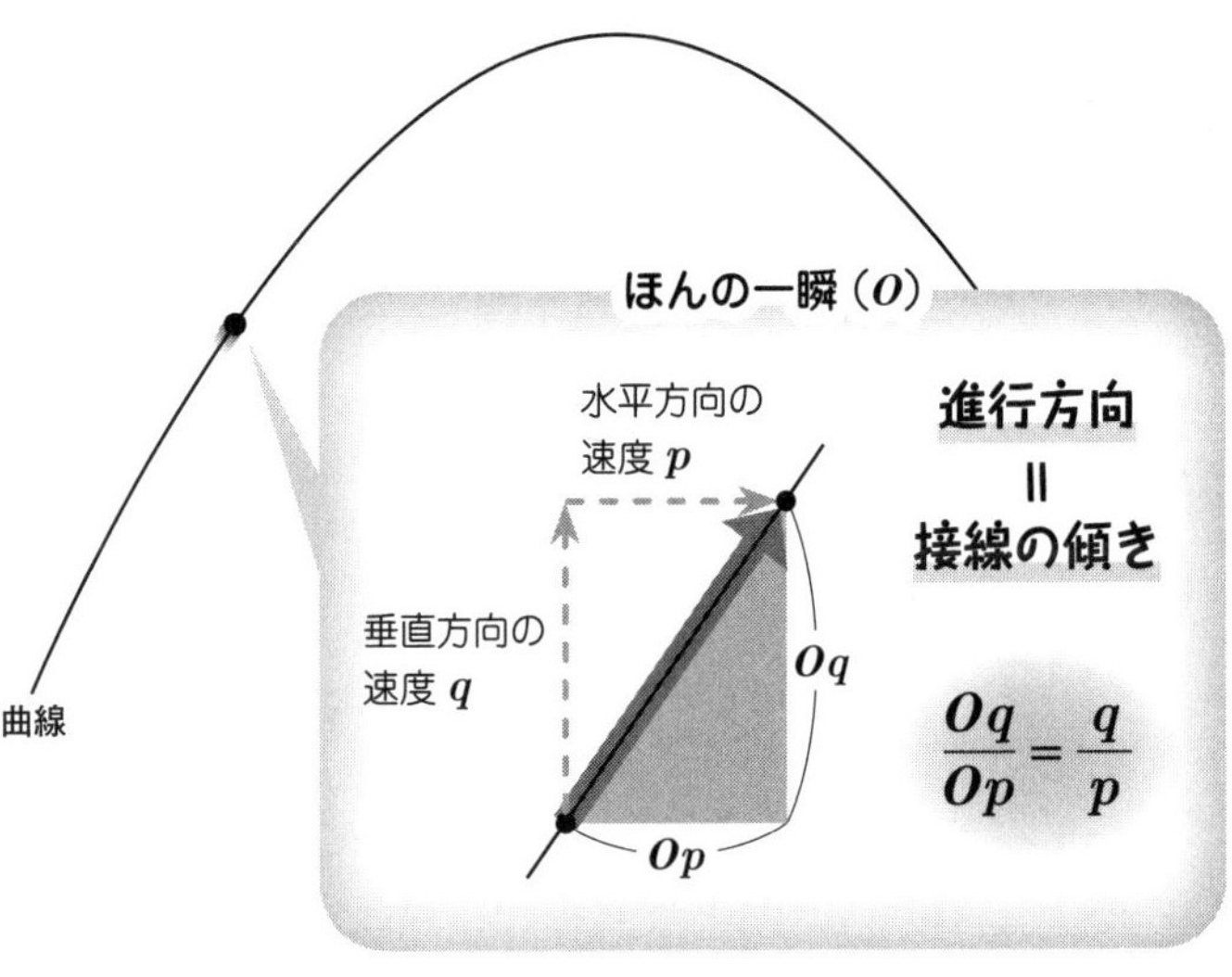

▲「O」というほんの一瞬の時間での進行方向は、接線の傾きと一致する。

ニュートンは、**デカルト**らが代数について解説した著作に学び、**解析幾何学**的な手法を使って数学を研究していきました。

◆流率法の確立

ニュートンは「**曲線**とは、**小さな点が、時間の経過とともに動いた軌跡**（きせき）である」と考えました。

そう考えると、曲線上のあらゆる点は、瞬間ごとに「その瞬間の進行方向」をもつことになります。そして、曲線上のある点における「その瞬間の進行方向」は、**接線の傾き**として表れます。

ニュートンは、ほんの一瞬の時間を表す***o***（**オミクロン**）という記号を導入することで、その瞬間の進行方向（接線の傾き）を計算する方法を発明しました。

また彼は物理学的な関心から、運動する複数の物体の間の距離と、それぞれの物体の速度との関係について研究しました。そしてその中で、面積を求める**求積法**や、自らが発展させた**接線法**が応用できることに気づきます。

これらを駆使して考察を深めたニュートンは、ついに**流率法**という計算法を確立するに至りました。この流率法こそ、ニュートン独自の**微分積分法**といえるものです。

◆微分積分学の基本定理

流率法を作り上げる過程で、ニュートンはひとつ、きわめて意義の大きい発見をしています。それは、「曲線図形の面積を求める求積法は、曲線に接線を引く接線法の、逆である」というものです。

このこと自体には、前の項目で述べたように**バロー**（彼はニュートンの師でした）も気づいていました。しかしニュートンの流率法は、**代数的な数式によって示された**という点で、バローより明らかに一歩進んだ、画期的なものでした。

「接線法と求積法は逆である」と代数的に明らかにされたこと、すなわち、**微分法と積分法が逆演算であること**が示されたこと。これはつまり、**微分積分学の基本定理**（80ページ参照）が発見されたということです。

この発見をもって、**微分積分という数学的な方法が誕生した**とみなされます。ですからニュートンは、微分積分の発見者（のひとり）とされます。

◆『プリンキピア』と微分積分

流率法の発明からおよそ20年後の1687年、ニュートンの代表的な著作『**プリンキピア（自然哲学の数学的諸原理）**』の初版が発表されます。「史上最高の物理学の本」とも呼ばれるこの書物で、ニュートンの力学が確立されましたが、

PHILOSOPHIÆ
NATURALIS
PRINCIPIA
MATHEMATICA.

Autore *J.S. NEWTON*, *Trin. Coll. Cantab. Soc.* Matheseos Professore *Lucasiano*, & Societatis Regalis Sodali.

IMPRIMATUR.
S. PEPYS, *Reg. Soc.* PRÆSES.
Julii 5. 1686.

LONDINI,
Jussu *Societatis Regiæ* ac Typis *Josephi Streater*. Prostat apud plures Bibliopolas. *Anno* MDCLXXXVII.

▲『プリンキピア』の扉。

意外にもこの本では、微分積分はまったくといってよいほど使われていません。あえて微分積分を避け、さまざまな事柄を、幾何学的な方法で証明しています。

その理由として考えられているのは、微分積分の発見ののち、ニュートンが古代ギリシアの幾何学を高く評価するようになったことや、デカルトの解析幾何学的手法に対して批判的になっていったことなどです。

『プリンキピア』に微分積分が使われていないという事実は、のちに**ライプニッツ**との間で微分積分の**先取権**（せんしゅけん）（先に発見した者としての権利）をめぐる論争が起きたとき（126ページ参照）、「ニュートンは微分積分を正しく理解していなかった」と攻撃を受ける原因にもなりました。

特性三角形を用いた変換定理を発見

ライプニッツの無限小代数解析

◆思想の記号化を夢見て

哲学者としても知られるドイツの数学者**ゴットフリート・ライプニッツ**（1646〜1717年）は、少年時代からある夢をもっていました。それは「思想を記号化することであいまいさをなくし、だれが見ても誤解なく伝わるようにしよう」というものでした。

▲ライプニッツ。

その夢はやがて哲学・論理学・数学・法学・自然科学など、さま

▼「普遍記号学」の発想。その基本的な考え方は、デカルト以前から存在したとされる。

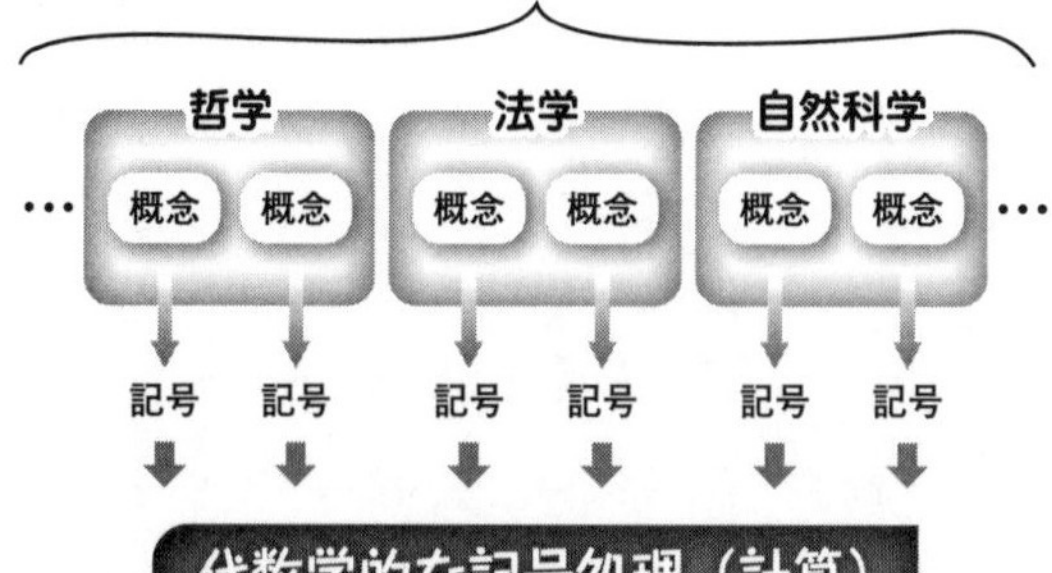

ざまな学問をひとつにまとめた**普遍記号学**を築き上げようという野心へと膨らみます。

この壮大な夢は、スケールの大きさゆえに実現が難しいものでしたが、普遍的な記号を求める構想は、彼の数学研究に独特の方向性を与えました。

◆パスカルの論文と特性三角形

26歳でフランスのパリに渡ったライプニッツは、師の勧めによっていくつかの数学書を読む中で、**パスカル**の論文**「4分円の正弦論」**（115ページ参照）に出会います。そこには、円の接線を斜辺とする直角三角形が描かれていました。

それを見てライプニッツは、「この三角形を無限に小さくしていくと、さまざまな曲線が作る面積を求める式を導けるかもしれない」という着想を得ます。

当時すでに、いくらかの特定の曲線については、それが囲む面積を、簡易な計算によって求められるようになっていました。しかし、曲線を表す式が複雑な場合、その方法を適用することができませんでした。

ライプニッツはこの問題を解決するために、「直接計算で求められないような面積を、**無限小の長さの辺をもつ三角形**を用いて、計算で求められる面積に置き換えよう」と考えたのです。その無限に小さい三角形は、**特性三角形**と呼ばれます。

この研究の過程では、特性三角形を使った幾何学的な操作と、数式を使った代数的な操

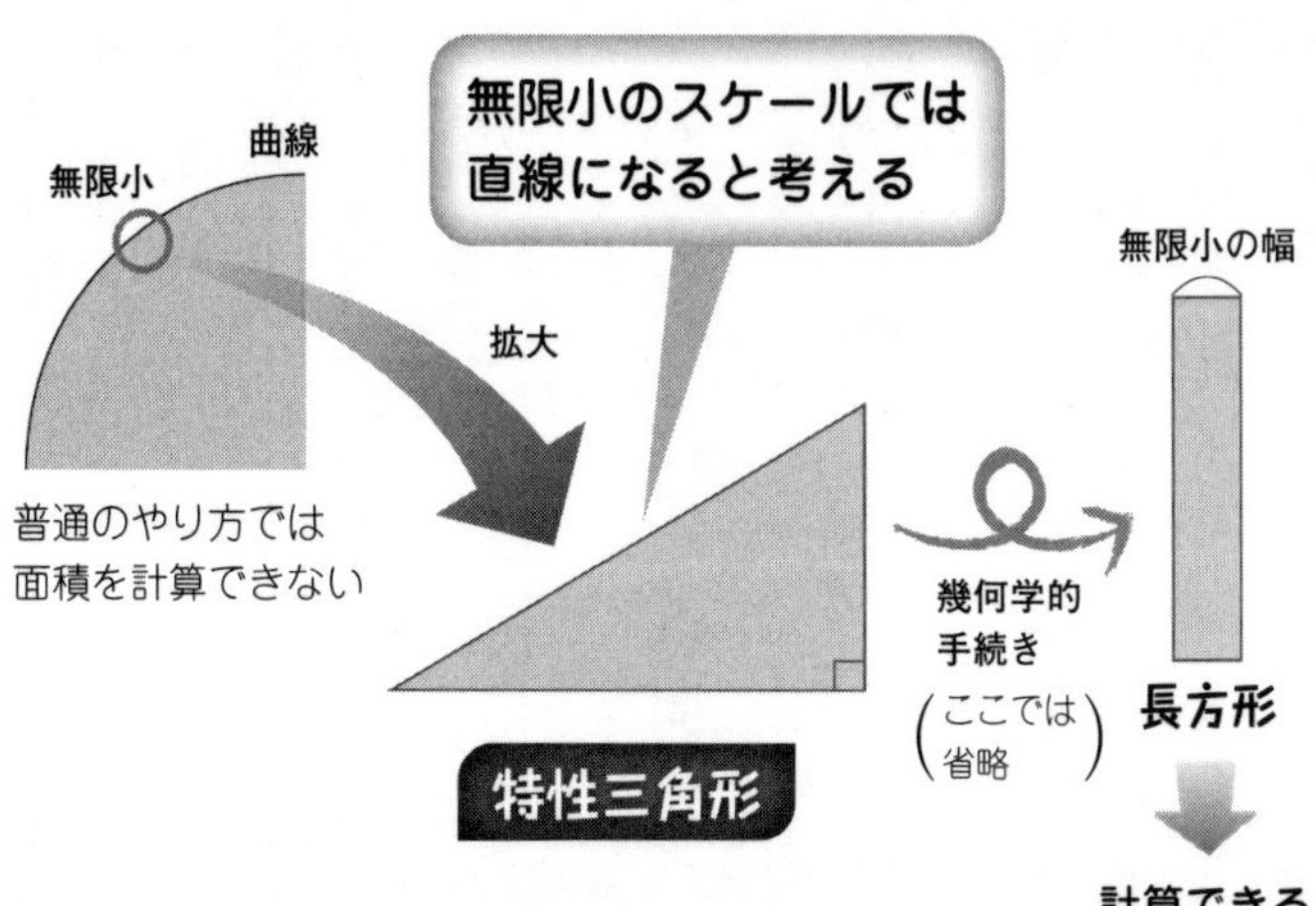

▲ライプニッツの「変換定理」の基本的な発想。曲線とかかわる部分の面積を、「特性三角形」を介して、無限小の幅をもつ長方形へと置き換える。

作が行われました。幾何学的手法と代数的手法を組み合わせたその研究は、**無限小代数解析**と呼ばれます。

◆変換定理

特性三角形を用いる求積法の、核心となるポイントだけをごく簡単に取り出すと、上図のようになります。

面積を求めたい図形を作っている曲線に対して、斜辺を重ねるように、特性三角形を置きます。このとき、「無限小のスケールでは、曲線と斜辺（直線）が、ぴったり一致する」と考えます。すると、**曲線のままでは面積を計算できないやっかいな部分が、特性三角形に置き換えられる**のです。

辺の長さが無限小の直角三角形の面積は、幾何学を用いた手続き（ここでは省略）で、**無限小の幅をもつ長方形の面積**に置き換えられます。あとはその長方形の面積を足し合わせていけば、曲線で囲まれた図形の面積がわかります。

この考え方は、**変換定理**と呼ばれます。変換定理によって、どんな曲線で囲まれる面積も、求めることができるようになりました。

◆微分積分を独自に発見する

無限小代数解析によって変換定理を見つけていく過程で、ライプニッツは「接線を求める操作と、面積を求める操作は、互いに逆の関係である」ということに気づきます。

特性三角形を用いたアイデアは、**曲線の接線と面積を結びつける方法**ですから、この発見がもたらされたことも、必然だったといえるかもしれません。

ライプニッツは「すべてを普遍的な記号で表そう」との野心のもち主でしたから、「接線を求める操作と、面積を求める操作は、互いに逆の関係である」ということを、自ら考案した記号によって式の形で書き記しました。

こうしてライプニッツは、**ニュートン**とは別の道筋をたどって、独自に**微分積分学の基本定理**（80ページ参照）に到達したのです。

なお、このときライプニッツが考案した記号法は、現在でも微分積分に使われています。すべてを記号と数式で表そうとしたライプニッツの面目躍如といったところです。

ニュートン派とライプニッツ派の論争

◆先取権をめぐる泥沼の争い

1675年頃、**ライプニッツ**は**微分積分学の基本定理**に到達し、1686年の論文でそれを発表しました。微分積分学の基本定理が世の中に公表されたのは、これが史上初めてのことでした。

現代のルールでは、だれよりも早く学術誌で正式に発表すれば、「ライプニッツが微分積分学の創始者である」と認定されます。

しかし、17世紀当時はそのような**先取権**に関するルールは、きちんと定まってはいませんでした。

1699年、**ニュートン**の信奉者であったスイスの数学者**ニコラ・ファシオ・ド・デュイリエ**（1664〜1753年）が、「ニュートンこそが微分積分学の創始者であり、ライプニッツはそのアイデアを盗んだのだ」と、著書の中でほのめかしました。

これに怒ったライプニッツは、翌1700年、学会誌上に反論を掲載します。

すると今度はニュートン自身が、初めてその微分積分の理論を公表した「求積論」（1704年）の中に、「微分積分に関する成果を、ライプニッツに伝えたことがある」という内容を書きました。

1642年	ニュートン、イギリスに生まれる
1646年	ライプニッツ、ドイツに生まれる
1665年頃	ニュートン、微分積分学の基本定理を発見
1675年頃	ライプニッツ、微分積分学の基本定理を発見
1676年	ライプニッツ、ニュートンの論文を読み写し取る
	ライプニッツとニュートン、手紙を交わす
1686年	ライプニッツ、微分積分学の基本定理を発表
1687年	ニュートン『プリンキピア』初版
1699年	ライプニッツ、微分積分のアイデア盗用の疑いをかけられる
1704年	ニュートン『光学』発表（その付録が「求積論」）
1711年	ライプニッツ、王立協会に抗議の手紙を送る
1713年	王立協会、微分積分の第一発見者はニュートンだと判定
1716年	ライプニッツ、没
1727年	ニュートン、没

▲微分積分の先取権をめぐる争いの経緯。

その後、それぞれの支持者たちの間に、激しい誹謗中傷の応酬が生じます。

これに耐えかねたライプニッツは、1711年、イギリスの権威ある科学学会である**王立協会**に抗議の手紙を送り、公正な判定を求めます。この訴えを受けて、王立協会は翌年、調査委員会を立ち上げました。

しかし、1713年に王立協会が出した結論は「ニュートンこそ第一発見者であり、ライプニッツは、ニュートンから微分積分学の基本定理を学んだ」というものでした。3年後、ライプニッツは失意の中で亡くなります。

◆疑惑の真相

ライプニッツの発見は、なぜオリジナルな

ものと認められなかったのでしょうか。

その理由のひとつとされたのが、ライプニッツが１６７６年に、ロンドンで**ニュートンの論文**を読み、写し取っているという事実です。ニュートンは、１６６５年頃に微分積分学の基本定理に到達し、公表はしなかったものの、論文にまとめていました。

しかし、その論文からライプニッツが写し取ったのは、微分積分学の基本定理とは直接関係のない部分だけでした。

もうひとつ、ライプニッツのオリジナリティを否定する証拠とされたのは、**１６７６年にニュートンとライプニッツの間で交わされた手紙**です。その中でニュートンが、微分積分学の基本定理をライプニッツに伝えたとされました。

ただ面白いことに、その手紙の核心部分を、ニュートンは暗号で書いていました。そんなものを、ライプニッツが読み取れるはずがありません。したがって、この手紙も証拠にはならないのです。

そもそもライプニッツは、ニュートンの論文や手紙にふれるよりも前、１６７５年頃に微分積分学の基本定理にたどり着いていたとされます。彼の発想は、ニュートンから教わったものではなく、オリジナルなのです。

しかし、この問題に判定を下した王立協会を見てみると、当時の会長はなんと、一方の当事者であるニュートンでした。

調査委員会のメンバーの人選から、調査結果の編集まで、すべてにニュートンが関与していたことが、現在ではわかっています。

$$y = f(x)$$

ニュートン流		ライプニッツ流
$\dot{y}$	1階微分	$\dfrac{dy}{dx},\ \dfrac{d}{dx}f(x)$
$\ddot{y}$	2階微分	$\dfrac{d^2}{dx^2}f(x)$
(「・」(ドット) をつけるだけで簡単)		(「d」(無限小の変化) を用いて意味を表現)

▲ニュートン流の記号法と、ライプニッツ流の記号法の比較。「1階微分」「2階微分」については62ページ参照。

◆着想も記号も異なる

ニュートンは時間とともに運動する点や変化量を考える中で微分積分を作り出し、ライプニッツはすべての曲線に対応できる求積法を考える中で微分積分を作り出しました。

どちらが先かというよりも、初めから目的が違い、別モノだったともいえます。**使われる記号も、かなり異なります。**

ライプニッツ流の微分積分は、優秀な後継者たちによって洗練されて発展しました(132ページ参照)。私たちが高校で習う微分積分を含め、現在使われる記号法は、ライプニッツ流のものがほとんどです。

一方、**ニュートン流**の記号法も、物理学の一部の分野で今も使われています。

11 「無限小」はゼロなのかゼロではないのか

哲学者から批判された「あいまいさ」

◆ゼロであってゼロでない？

ニュートンと**ライプニッツ**がそれぞれ独自に創始した**微分積分**は、**0（オミクロン**、119ページ参照）にしろ**特性三角形**（123ページ参照）にしろ、**無限小**の概念をもとにしたものです。「無限に小さい」という、ゼロであるようなゼロでないような、このあいまいな考え方をめぐっては、成立直後から論争がくり広げられることになりました。

微分積分を批判する急先鋒として、アイルランドの哲学者**ジョージ・バークリー**（1685～1753年）がいました。彼は、微分積分が複雑な幾何学の問題や力学の問題を解くのに役に立つことは認めていましたが、その厳密性については疑念を呈します。

たとえば、ニュートンが接線を求めるときに使った0は、無限に小さい時間を表しますが、ニュートンは初めはこれを**「ゼロではない」**と仮定しており、その仮定があるからこそ、**0で割る**（0を分数の分母にもってくる）操作も行うことができています（数を「ゼロで割る」ことはご法度です）。しかし、最後には「0＝0」として、0がかけられている量は計算から抹消してしまうのです。これは論理的に矛盾していると批判されました。

バークリー

マクローリン

微分積分

批判

擁護

無限小

オミクロン
特性三角形

無限小はあいまいで矛盾した概念である

「無限小」の概念を使わなくても微分積分は成立する

▲「無限小」のあいまいさをめぐる論争。

◆批判への反論

このような批判に対して、ニュートンの弟子をもって自任するスコットランドの数学者**コリン・マクローリン**（1698〜1746年）は、次のように反論します。無限小というのは、ニュートンによって微分積分法の証明を簡略化するためだけに使われた考え方であって、あいまいな無限小の考え方を使わなくても、厳密な幾何学と運動学的な直観にもとづく方法によって、微分積分の基礎を説明することができるのだ、と。

マクローリンの主張は、当時のイギリスの多くの数学者に受け入れられましたが、微分積分の厳密さをめぐる論争は、これで解決したわけではありませんでした。

コーシーによる微分積分学の完成

何人もの天才たちが研究を深めていった！

◆ライプニッツの後継者たち

微分積分学は、厳密性に疑いの目を向けられながらも、その有用性において多くの数学者・自然科学者に受け入れられ、目覚ましい発展を遂げていきます。中でも大きく貢献したのは、ライプニッツ流の微分積分の後継者たちでした。

数学史上最大の天才のひとりといわれる、スイス生まれの**レオンハルト・オイラー**（1707〜1783年）も、ライプニッツの研究を受け継いだ数学者です。

彼は、微分積分学の非常に重要な入門書を発表します。オイラーはその中で、微分積分を学ぶうえで最も基本的なこととして、**関数**の概念を整備しました。ひとつの数xを代入すると、それに対応した数$f(x)$が必ずひとつ決まる仕組みとして、関数がここに初めて定義されました。

そのあとを受けたイタリア生まれの**ジョセフ＝ルイ・ラグランジュ**（1736〜1813年）は、関数とそれを微分することで導かれる**導関数**について、考察を深めます。微分積分の幾何学的な面をあえて研究対象からはずし、純粋に代数的な操作としての微分積分にスポットライトを当てたのです。

オイラー（1707～1783年）

「**関数**」の概念を整備

ラグランジュ（1736～1813年）

「**導関数**」を中心に代数的考察

コーシー（1789～1857年）

イプシロン・デルタ論法
微分積分を厳密に定義

▲微分積分学が完成に至るまでの道のり。

◆微分積分が厳密に定義される

ラグランジュの路線を引き継いだフランスの**オーギュスタン＝ルイ・コーシー**（1789～1857年）は、幾何学的な直観に頼らずに、微分積分を厳密に定義することをめざします。

彼は、「限りなく」とか「近づく」といったあいまいな言葉を使わず、純粋に代数的な等号不等号を使った証明によって極限を厳密に定義する、**イプシロン・デルタ論法**という方法を発見しました。

こうして微分積分学は、**バークリー**によって批判されたような「あいまいさ」から脱し、**厳密な定義を基礎とする体系的学問として完成**するに至ったのです。

COLUMN 04

微分積分とハレー彗星

この第4章では、おもに「数学」としての微分積分の歴史を追ってきましたが、**ニュートン**が「小さな点の動き」として発想したことからもわかるように（119ページ参照）、微分積分は誕生当初から、物理学と相性のよいものでした。その相性のよさを示す、ひとつのエピソードを紹介しましょう。

ニュートンと同時代のイギリスに、**エドモンド・ハレー**（1656〜1742年）という優秀な科学者がいました。**ケプラーの法則**（106ページ参照）の研究を通じてニュートンと親交をもち、**『プリンキピア』**（121ページ参照）の出版にも尽力した人物です。

彼はニュートンの微分積分や運動の法則などを学び、天体の研究にも応用しました。そして1705年、ひとつの予言を発表します。それは、「過去に**ケプラー**らによって観測された彗星と、自分が1682年に観測した彗星は同じものであり、この彗星は1758年にまたやってくる」というものでした。

微分積分を用いた計算によるこの予言はほぼ的中し、1758年のクリスマスに、彗星が観測されました。ハレーは16年前に亡くなっていましたが、その研究は称賛され、この彗星は**ハレー彗星**と名づけられることになりました。

次の第5章以降は、「微分積分が、いかに物理学で活躍しているか」を、じっくりと見ていきましょう。

微分積分は物理学を変えた

物理学で頼りにされる特殊な方程式

微分方程式とは何か

◆物理学と方程式

17世紀から19世紀にかけて、高度に洗練されていった**微分積分**は、物理学の強力な武器になりました。この章では、**ニュートン力学**を中心とする**古典物理学**に、微分積分がどのように貢献しているかを見ていきます。

一般に、何らかの「わからない数量」を知りたいとき、その数量を**未知数**として「x」などとおき、**方程式**を立てます（26ページ参照）。そうすると、「この方程式を解きさえすれば、問題が解決するんだな」とわかります。

これは物理学でも同じです。たとえば運動する物体に関して「10秒後にその物体がどの位置にあるか」を知りたいときは、方程式を立ててそれを解けばよいのです。

ただし、物理学者が立てる方程式は、**微分方程式**という特殊な方程式です。

◆関数を探せ

普通の方程式は、未知数を「x」などの形で含み、これを「$x=$」の形に変形すれば、具体的な数量が**解**（答え）として出てきます。

これに対して微分方程式は、「何らかの関数が**微分**されたもの」、つまり、未知の関数

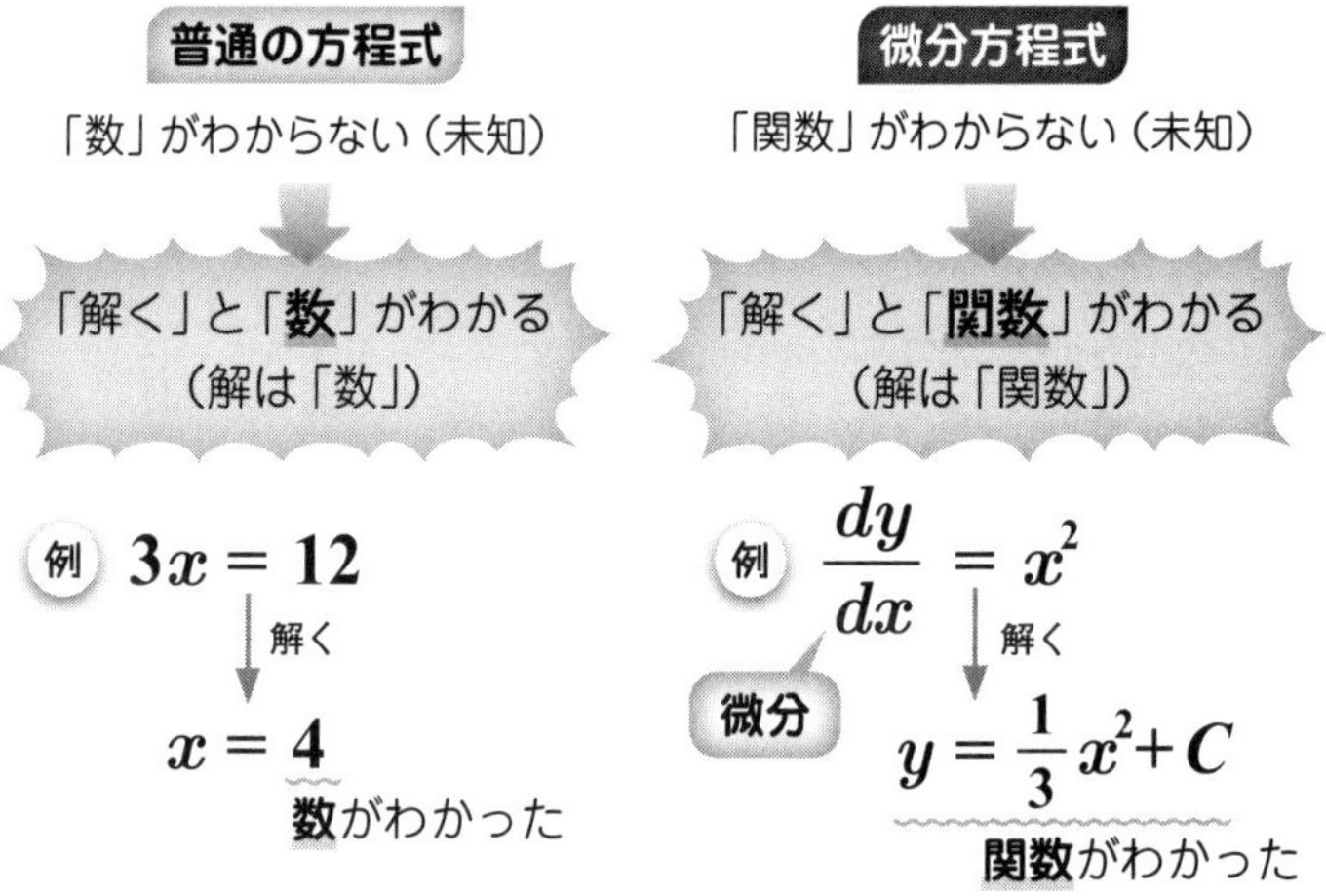

普通の方程式

「数」がわからない（未知）

「解く」と「**数**」がわかる
（解は「数」）

例 $3x = 12$

↓解く

$x = 4$

数がわかった

微分方程式

「関数」がわからない（未知）

「解く」と「**関数**」がわかる
（解は「関数」）

例 $\dfrac{dy}{dx} = x^2$

微分

↓解く

$y = \dfrac{1}{3}x^2 + C$

関数がわかった

▲普通の方程式と「微分方程式」の違い。一般に、微分方程式は「解く」のが難しく、代数的な手続きでは「解けない」（解けるのか解けないのかわからない）ものも少なくない。そういう場合は、「数値計算」というコンピューターを用いた手法で解を計算する。

の**導関数**を含みます。**微分方程式において「未知」なのは、具体的な数量ではなく、関数**なのです。したがって、微分方程式を「解く」とは、**その方程式を満たす関数を見つける**ことであり、**微分方程式の解は関数**です。

「微分されたものから、もとの関数を見つける」という微分方程式の考え方は、イメージ的にいうと「無限小の点（瞬間）での変化から、変化の全体を知る」ことにつながります。

これは、「現在」という一点の情報から「未来」の情報を計算する物理学と、相性のよい考え方です。物理学者は力、電気、熱の法則といったほぼすべての物理法則を、微分を用いて「現在」の情報として記述します。そこから、微分の逆である積分を用いて、「未来」の情報を算出するのです。

力学の「原点」は微分方程式だった

ニュートンの力学と運動方程式

◆運動の第1法則

第4章で、微分積分を発明した数学者としての**ニュートン**を紹介しましたが（118ページ参照）、ここであらためて、物体の運動と力についてのニュートンの**力学**を確立した、物理学者としてのニュートンの業績を取り上げます。

ニュートンは力学の基礎として、**運動に関する3つの法則**をまとめ上げました。

運動の第1法則は、「静止している物体、または**等速直線運動**をしている物体は、外から力を加えられない限り、その状態を維持する」というもので、**慣性の法則**とも呼ばれます。つまり「止まっているものを動かしたり、動いているものを止めたりと、**運動の状態を変えるには、力を加えることが必要だ**」ということです。

私たちの日常では、たとえば床を転がるボールは自然と止まりますが、これは床との**摩擦力**がはたらくためです。もしも摩擦力がゼロの床があれば、ボールは同じ方向に同じ速度でいつまでも転がりつづけます。

◆運動の第2法則

運動の第2法則は、**加速度**にかかわるもの

運動の第1法則

等速直線運動

運動の第2法則

力

加速

$ma = F$

F　質量 m　加速度 a

運動の第3法則

▲運動に関するニュートンの3法則。このうち、微分積分にかかわってくるのは、第2法則の「運動方程式」である。

です。

物体に力がはたらくとき、物体には、力と同じ向きの加速度が生じます。この加速度の大きさは、加えられた力の大きさに比例し、物体の質量に反比例します。

床に置かれたボールをイメージしてみてください。止まっているボールを動かしたければ、「速度ゼロ」の状態から、速度をもって動いている状態へと、加速させなければいけません。そのために、ホッケーのスティックで叩いて、力を加えるとしましょう。

このとき、叩く力が大きいほど、ボールの加速度は大きくなります。逆に、ボールの質量が大きい（ここでは「重い」ということだと考えてOKです）ほど、加速しにくいといえます。

◆運動の第3法則

運動の第3法則は、「異なるふたつの物体AとBが、互いに力を及ぼし合うとき、それらの力は、大きさが等しく方向が逆向きである」というものです。

たとえば、壁を手で押したとき（**作用**）、手のほうでも「壁から押されている」ような力を感じます（**反作用**）。この法則は、**作用反作用の法則**とも呼ばれます。

これらニュートンの3法則は、日常のあらゆる場面に見いだされるものであり、どれも物体の運動を理解しようとするときに欠かせないものですが、本書のテーマである**微分積分**とのかかわりという意味で取り上げたいのは、第2法則です。

◆運動方程式と微分積分

第2法則は、mを物体の質量、aを加速度、Fを力として、次のように表せます。

$$ma = F$$

これを**運動方程式**といいます。

方程式とは、「わかっていない情報」を割り出すものでした（26ページ参照）。物体の質量、加速度、力のうち、どれかひとつわからない値（未知数）があれば、右の運動方程式を解くことで、その値を割り出せるのです。

一見、右の方程式の中には、微分も積分も含まれていません。しかし、「加速度とは、速度を時間で微分したもの」（13、90ページ参照）ということを思い出してください。そう、**加速度aに、微分が隠れている**のです。

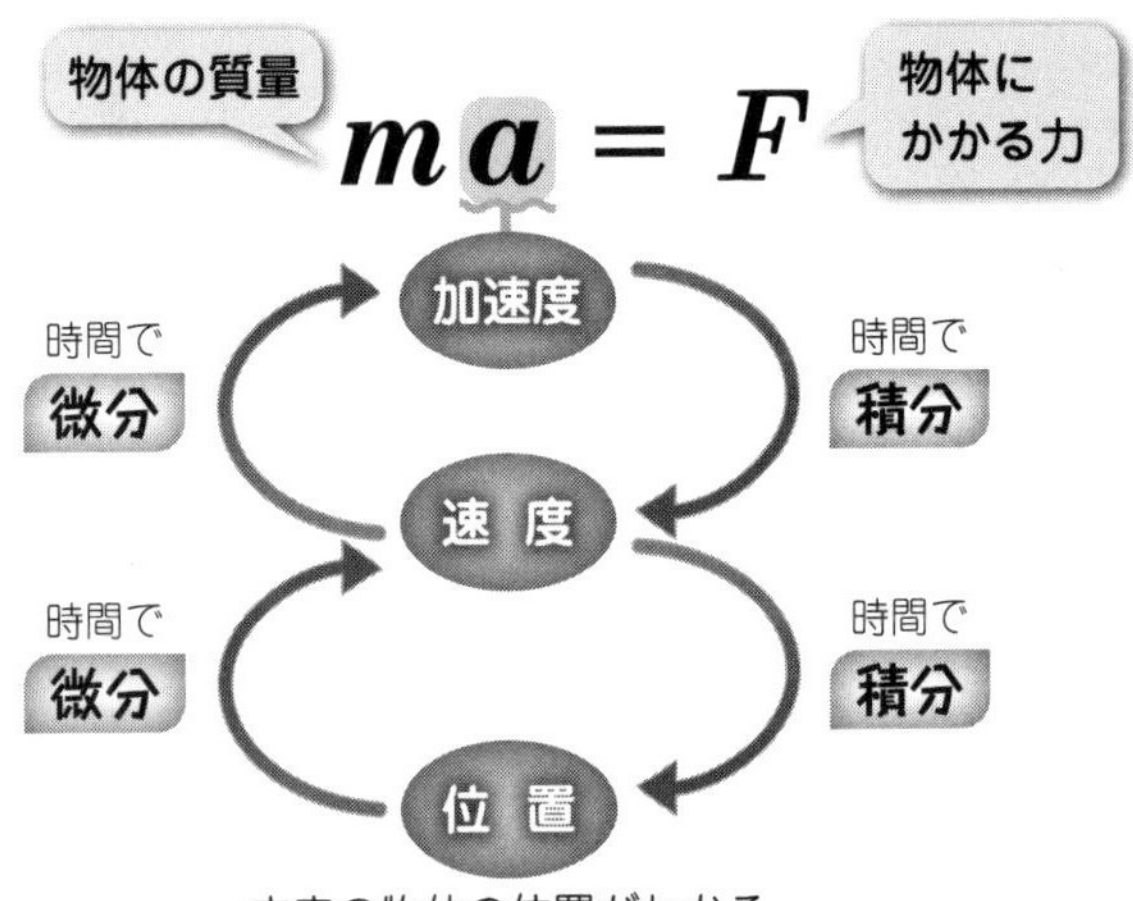

▲運動方程式の「加速度」は、「速度」を時間で微分したものである。そして「速度」は「位置」を時間で微分したものなので、「加速度」は時間による２階微分だといえる。

ニュートン力学では、物体の運動を考えるとき、とにかく運動方程式にもとづきます。まず、物体にはたらいている力と、物体の質量を、運動方程式に代入します。すると運動方程式は、「$a=$」の形で、加速度について解くことができます。

「速度を時間で**微分**すると加速度になる」ことは、「加速度を時間で**積分**すると速度になる」ことと同じでした（91ページ参照）。つまり、運動方程式から加速度がわかれば、それを積分すると**速度**もわかるのです。同様に、速度を積分すれば、**位置**もわかります。

物体の位置がわかるということは、現在から未来にかけて、あらゆる時刻で「物体がどこにあるか」がわかるということです。**運動方程式は**、「**未来**」**を予測できる**のです。

03

最も「微分された」ものこそ最も上位のもの

運動方程式の根源性

◆「微分された」ものこそ根源的

微分とは「瞬間の変化」を割り出すことであり、その「瞬間の変化」が生み出したものを足し合わせて「変化の全体」を構成することが**積分**でした。

そのような観点から、**運動方程式**の中心となる**加速度**と、それを積分して得られる**速度**と、さらにそれを積分して得られる**位置**の関係を見てみましょう。

位置は速度から生み出されたものであり、速度は加速度から生み出されたものだとイメージすることができます。逆にいうと、加速度が一番の源であり、これが速度を生み出し、その速度がさらに位置を生んでいます。

つまり、最も「微分された」ものである加速度こそが、すべての変化の源になっているわけです。「微分された」ものこそが、より根源的な、本質的な、可能性が凝縮されたものだといえるでしょう。

これと似たようなことが、運動方程式自体についていえます。

運動方程式は、力学の中で上位の位置づけをもつ、本質的な式であり、**運動方程式を積分することで、さまざまな「保存則」を表現する式を導くことができる**のです。

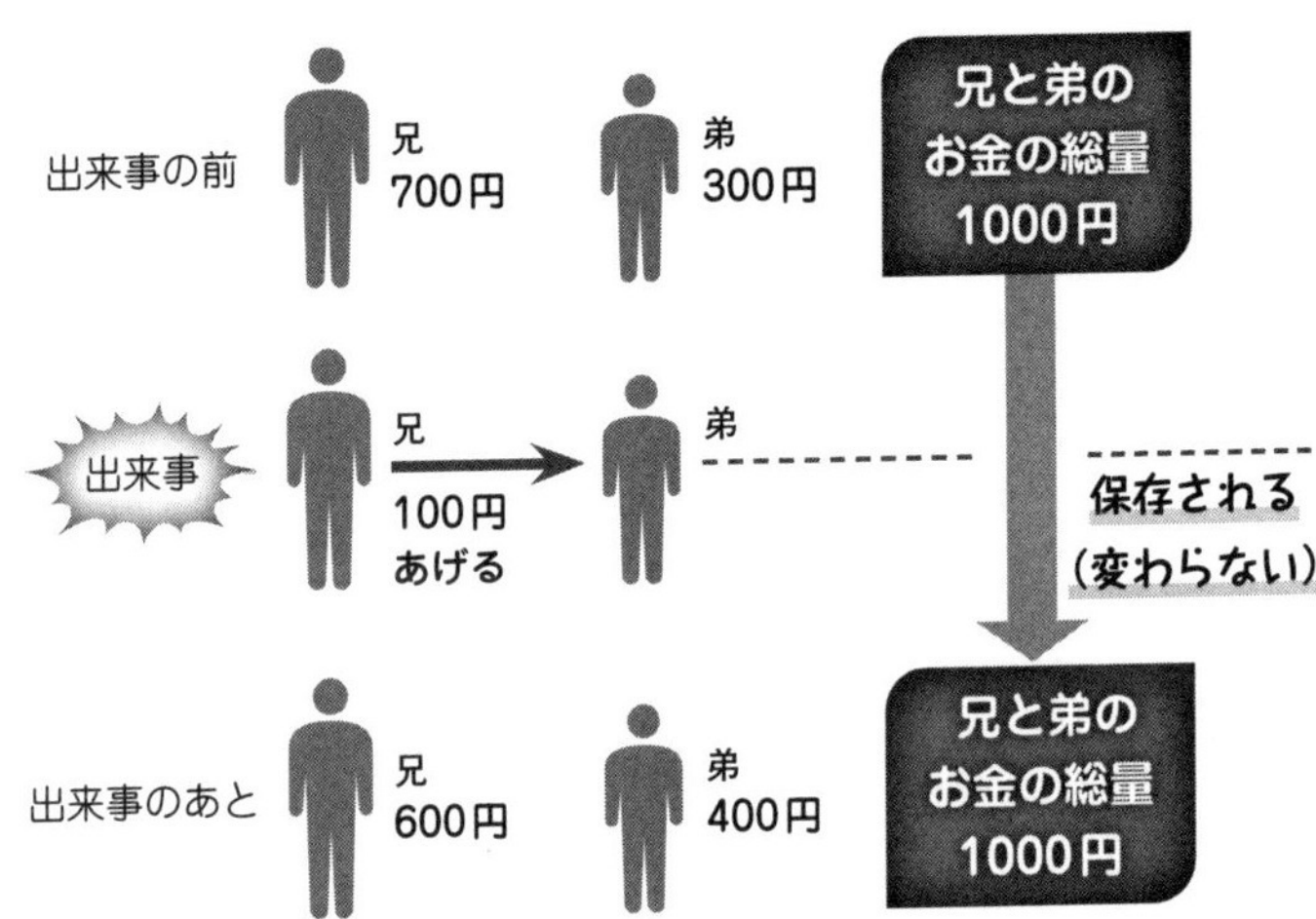

▲「保存則」の考え方。何らかの出来事の前とあとで、ある物理量の総量が変わらないとき、その物理量は「保存される」という。ふたりの間のお金のやり取りを例にしてイメージするとわかりやすい。

◆保存則とは何か

一般に、何らかの出来事の前とあとで、ある物理量の全体の量が変わらないとき、その物理量は**「保存される」**といいます。そして、そのような法則を、**保存則**といいます。

お金にたとえるとわかりやすいでしょう。ある兄弟がいて、兄が弟に１００円あげるとします。兄のお金は１００円減り、弟のお金は１００円増えますが、この兄弟ふたりのもち金全体を見ると、変化していません。兄弟のもち金は「保存され」ているのです。

これと似たような保存則が、物理にはいくつも存在します。そしてそれらは、運動方程式を一定のやり方で積分することで導かれるのです。次の項目で見ていきましょう。

04

微分積分は力学の本質にかかわる方法だった
運動方程式と3つの保存則

◆エネルギー保存則

物理現象をとらえようとするとき、**ニュートン力学**をよく知っている人は、最初に**運動方程式**を書きます。そしてその方程式をもとにして、必要に応じていろいろな**保存則**を導くのです。

運動方程式から導かれる保存則としては、まず**エネルギー保存則**があります。

「エネルギー」という言葉は日常生活でもよく耳にしますが、物理学的にいうと**エネルギー**とは、「物体に変化を引き起こすことができる潜在（せんざい）能力」のことです。

▼高い位置（空中）にあるボールは、重力のおかげで大きな「位置エネルギー」をもつ。これが重力に引かれて落下運動すると、「位置エネルギー」は「運動エネルギー」に変わる。そして、「位置エネルギー」と「運動エネルギー」を足した量（力学的エネルギー）は、つねに一定である（保存される）。

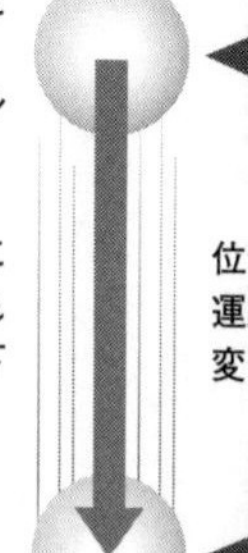

たとえば高い位置にある物体は、重力に引かれて落下することができるため、大きな**位置エネルギー**をもちます。この物体が実際に落下しはじめると、その落下運動によって、位置エネルギーは「ぶつかった相手に衝撃を与える（力を加える）ことができる」という**運動エネルギー**に変わっていきます。

このように、エネルギーは運動エネルギーや熱エネルギー、電気エネルギーなどさまざまな形態に変わっていきます。

しかし、ある閉じた状況があって、外部とエネルギーのやり取りをしない場合、その中でどんな出来事があっても、エネルギーの総量は変化しません。もっというと、宇宙に存在する全エネルギーの量は、宇宙の誕生以来、まったく増減していないのです。これを「エネルギー保存則」といいます。

さて、エネルギー保存則を表す式は、運動方程式を数学的に変形することで導くことができます。その際、**積分**を含んだ特殊な式変形を行うのですが、そのような操作は**エネルギー積分**と呼ばれます。

◆運動量保存則

物体の運動は、エネルギーの概念だけではうまく扱えないことがあります。

たとえば、ふたつのビリヤードの球が衝突する運動を考えましょう。衝突前と衝突後で、ふたつの球を含む状況の全体を考えると、エネルギーの総量は保存されます（不変です）。

しかし衝突の際、エネルギーの大半は「物

体を変形させること」や「物体の温度を上げること」に使われてしまい、測定しにくくなります。衝突を物理学的に扱おうとすると、エネルギーからのアプローチでは、あまりうまくいかないのです。

そういうときは、**運動量**という別の物理量を使います。運動量とは、物体の**質量**に**速度**をかけた値です。「物体の質量が大きいほど、また物体の速度が大きいほど、物体の運動は激しい」とイメージすればよいでしょう

物体が衝突するとき、ほかの力がはたらかなければ、衝突する物体の運動量の総和は保存されます。これを**運動量保存則**といいます。

そしてこの運動量保存則も、一定の手続きにしたがって運動方程式を積分することで導き出せるのです。

◆角運動量保存則

次に、回転運動について考えます。

フィギュアスケートの選手がスピンという技を使うとき、途中から回転を速めて、観客を魅了します。

なぜそんなことができるのかというと、**角運動量保存則**という法則があるからです。

角運動量とは、回転している物体の質量と、半径、回転速度をかけた値です。

物体がほかからの力を受けずに回転を続けるとき、角運動量は保存されます（増減しません）。

フィギュアスケートの選手は、回転を速めたいとき、伸ばしていた腕を胴体のほうに引きつけて、半径を小さくします。すると、角

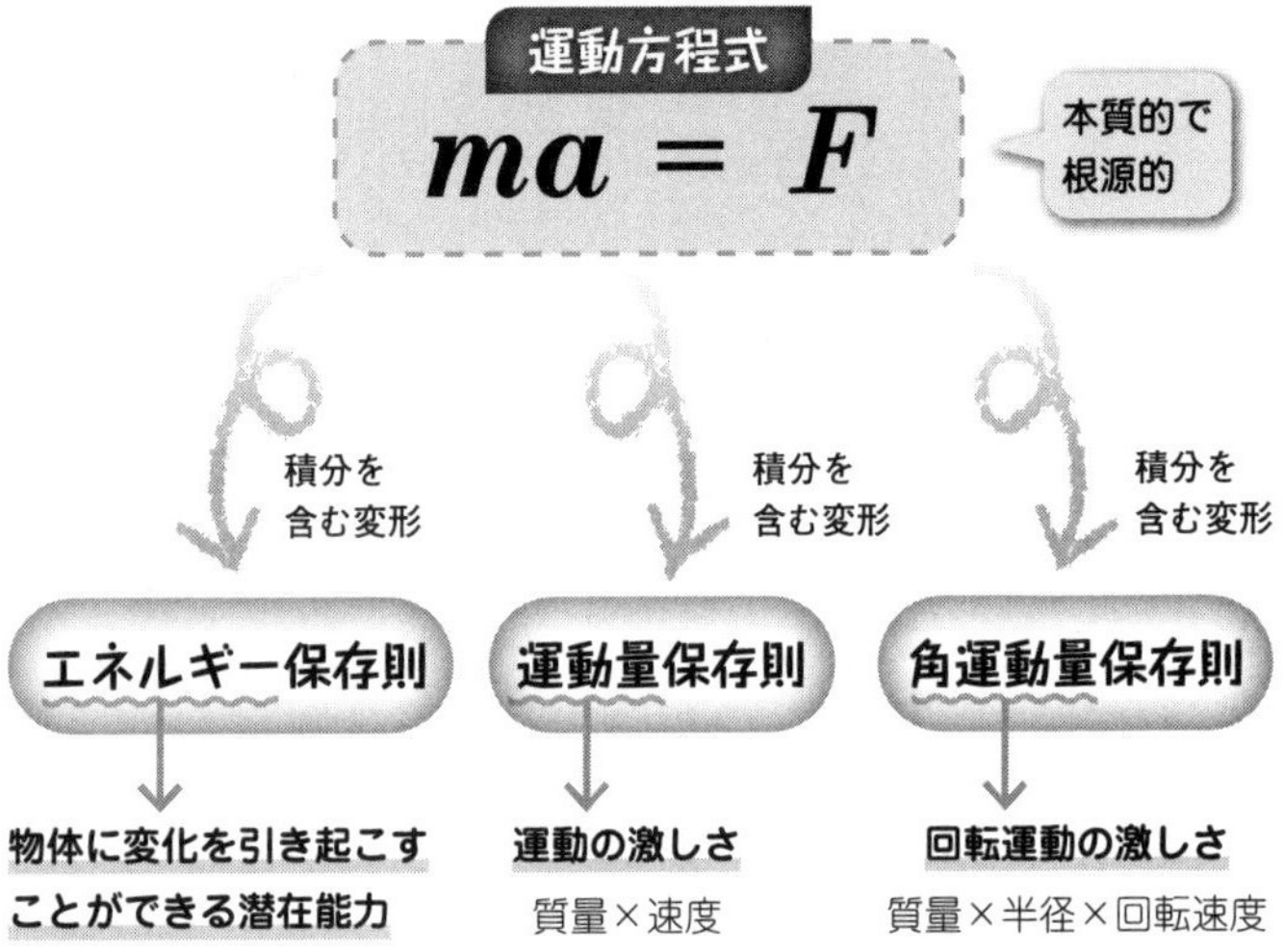

運動方程式

$$ma = F$$

本質的で根源的

積分を含む変形　　積分を含む変形　　積分を含む変形

エネルギー保存則	運動量保存則	角運動量保存則
物体に変化を引き起こすことができる潜在能力	運動の激しさ 質量×速度	回転運動の激しさ 質量×半径×回転速度

▲運動方程式と、「エネルギー保存則」「運動量保存則」「角運動量保存則」の関係。

運動量を保存する（一定に保つ）ために、半径が小さくなった分をカバーしようと、回転速度が上がってくれるのです。

この角運動量保存則も、運動方程式に積分を含む変形を施す(ほどこ)ことで導き出せます。

まとめると、エネルギー保存則、運動量保存則、角運動量保存則という、物体の運動に関する3つの重要な法則は、運動方程式を積分することによって得られるわけです。

この事実は、運動方程式の重要さだけでなく、**微分積分が力学の体系の中で本質的な方法となっている**ことを示しています。

ニュートン力学以前は互いに無関係のものだと考えられていた、物体の落下や衝突、回転といった物理現象は、じつは運動方程式と微分積分によってつながっていたのです。

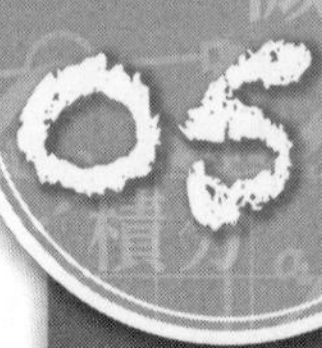

解析力学の考え方

始点と終点の間の「経路」を調べる

◆ニュートン力学と解析力学

17世紀末から18世紀初頭にかけて**ニュートン**が確立した**力学**は、彼に続いた物理学者たちによって、**微分積分**を用いた手法で洗練され、とても完成度の高い**ニュートン力学**ができ上がりました。

そして18世紀から19世紀初頭にかけて、やはり微分積分の考え方を応用して、力学を別の形にまとめ上げた人がいます。第4章にも登場した**ラグランジュ**（132ページ参照）です。彼は、今日（こんにち）では**解析力学**（かいせきりきがく）と呼ばれる力学の体系を創始しました。

◆運動の「経路」を調べる

ニュートン力学と解析力学は、ともに物体の運動やそこにはたらく力を扱っており、数学的に同じ結果を導くことができます。しかし、運動や力をとらえる発想は違っています。たとえを用いてイメージ的に説明しましょう。

Aさんという人が、4月1日にオーストラリアのシドニーにいるとします。

このAさんの**「現在」についての情報**（考えていること、もっているお金、そのほかもろもろ）をすべて集めて**運動方程式**を立てられれば、それを解くことによって、「4月3

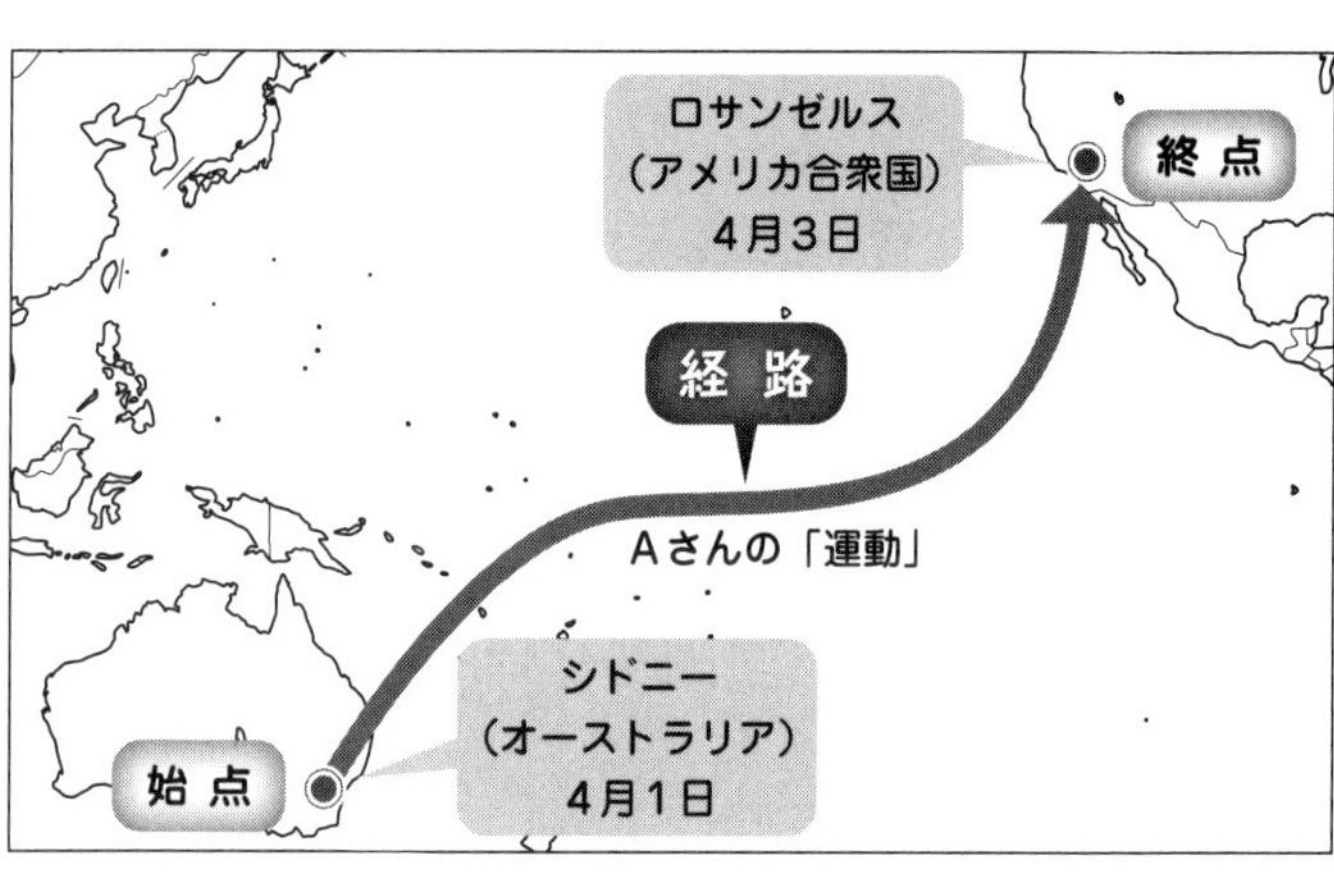

▲ニュートン力学は「現在」の情報から出発するが、「解析力学」では、「始点」と「終点」を設定してその間の「経路」を調べる。これは、「4月1日にシドニーにいた人が、4月3日にロサンゼルスにいるとして、その間にどのような経路をたどったのか」というような発想である。

日にどこにいるか」がわかるというのが、ニュートン力学の考え方です。

一方、同じAさんが4月3日にアメリカのロサンゼルスにいるとして、**「その間にどのような経路をたどったのか」**を割り出すのが、解析力学です。

ニュートン力学でも解析力学でも、Aさんの移動（運動）と、Aさんをそのように移動させた要因（力）を扱いますし、数学的に同等な計算結果に至ります。

しかし、Aさんの「現在」についてすべての情報を集めなければならないニュートン力学に比べて、解析力学のほうがずっと簡単に答えを出せるケースも多々あるのです。

それでは解析力学には、微分積分の方法がどのように用いられているのでしょうか。

ラグランジアンと変分法

◆ラグランジアンとは何か

「**解析力学**に**微分積分**がどのような形で利用されているか」を知るためには、**ラグランジュ**にちなんだ**ラグランジアン**という物理量を知る必要があります。

このラグランジアンとは、**運動エネルギーから位置エネルギーを引いた量**です。

運動エネルギーとは、物体が運動することによってもつエネルギーです。運動するということは、何らかの速度をもつわけですから、運動エネルギーは**速度にかかわる量**です。

位置エネルギーとは、物体が何らかの位置

▼解析力学に導入された「ラグランジアン」という物理量は、「運動エネルギーから位置エネルギーを引いたもの」であり、「速度」と「位置」の関数である。また、「時間」にも依存する。

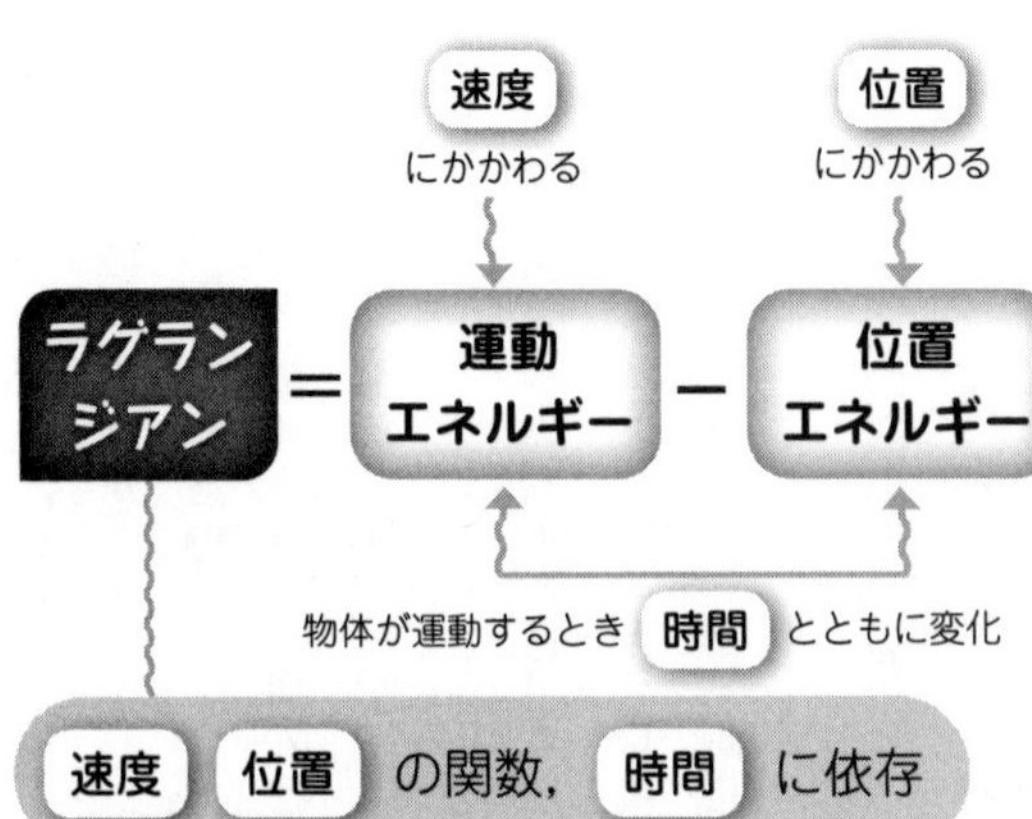

にあることによってもつエネルギーです（145ページ参照）。これは**位置にかかわる量**だといえます。

「運動エネルギーから位置エネルギーを引いた量」が「何を表すのか」については、とりあえず深く考えず、「そういう物理量を定義して利用すると、物体の運動をとらえやすくなる」と思ってください。

ラグランジアンは、「速度にかかわる量」と「位置にかかわる量」の単純な引き算で定義される量です。また運動エネルギーと位置エネルギーは、物体が運動する「時間」の中で変化していきますから、ラグランジアンは「時間」によって変動する量だともいえます。

つまりラグランジアンは、**速度**と**位置**を変数にもち、**時間**に依存する関数だといえます。速度と位置と時間の変化にともなって、ラグランジアンという量も変化するのです。

◆最小作用の原理＝変分原理

さて、解析力学とは、物体の運動を把握するために、始点と終点を決めてその間の**経路**を調べる方法でした。解析力学の体系では、物体が運動する経路は、**最小作用の原理**という法則にしたがって決まります。

最小作用の原理とは、次のようなものです。

――物体が運動する軌跡は、「**作用**」と呼ば**れる量が最小になるような経路**になる。

これから、ここに出てきた「作用」という量について説明しますが、そこにはラグランジアンがからんできます。

今、運動する物体が、t_Aという時刻には点Aにあり、t_Bという時刻には点Bにあるとして、その間の経路を考えます。

当たり前のことをいいますが、時刻t_Aから時刻t_Bまでのすべての時間で、この物体は何らかの運動エネルギーと位置エネルギーをもっています。

ですからこの物体は、すべての時間でラグランジアンももっているはずです。

ここで、「時刻t_Aから時刻t_Bまでのすべての時間で、変化しつづけるラグランジアンを足し合わせた量」を考えます。

つまり、**ラグランジアンをt_Aからt_Bまで、時間で積分するの**です。そしてそのような量は、**作用**あるいは**作用積分**と呼ばれます。

「ラグランジアンを積分するなんていっても、具体的には何を表すんだろう?」と疑問をもたれるでしょうが、これもとりあえず、深く考えないでください。解析力学では、とにかくそのような量を「作用」と定義するのです。

そして、**その「作用」が最小になるような経路を、物体は運動するの**です。シドニーからロサンゼルスに移動する人が、時間と交通費をできるだけ抑(おさ)えようとするのと、同じような法則だとイメージしてください。

作用が最小になる経路を計算するためには、**変分法**(へんぶんほう)という手法が用いられます。そのため最小作用の原理は、**変分原理**(へんぶんげんり)とも呼ばれます。

変分法とは、**微分**の考え方を拡張した手法です。「**ほんの少しだけ経路を変化させると、作用はどれだけ変化するか**」を調べることで、作用を最も小さくする経路を割り出します。

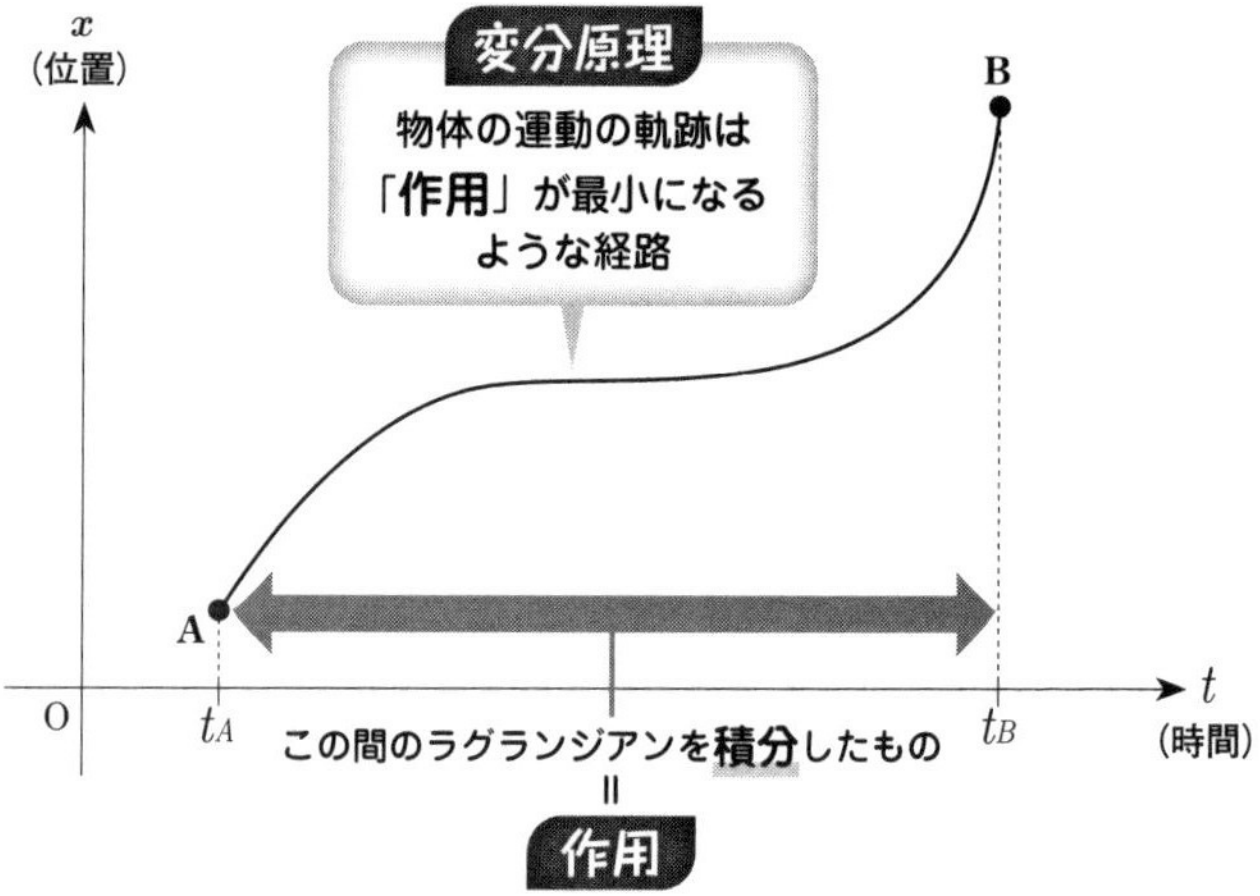

変分原理

物体の運動の軌跡は「**作用**」が最小になるような経路

x（位置）　B　A　O　t_A　t_B　t（時間）

この間のラグランジアンを**積分**したもの
＝
作用

▲物体の運動の軌跡となるのは、「作用」という量が最小になるような経路である。そして、どのような経路で「作用」が最小になるのかは、「変分法」という手法によって割り出される。ちなみに、解析力学の「作用」は、ニュートンの運動の法則に出てきた「作用」（140ページ参照）とは、無関係な概念である。

◆解析力学は現代物理学につながる

解析力学には、変分法を用いて導かれた**オイラー＝ラグランジュ方程式**という方程式もあり、これはニュートン力学の運動方程式をより抽象化したようなものです。

じつは現代物理学は、ニュートン力学ではなく解析力学にもとづいており、**素粒子**の運動を表すのにも、多くの場合オイラー＝ラグランジュ方程式を用います。

また19世紀には、アイルランド生まれの数学者・物理学者**ウィリアム・ローワン・ハミルトン**（1805～1865）が、ラグランジアンを変換した**ハミルトニアン**という新しい物理量を設定し、微分積分を用いて解析力学をさらに発展させました。

電磁気学とマクスウェル方程式

「電場」と「磁場」の関係を微分積分でまとめ上げた

◆電磁気学の発展と「場の理論」

物理学は、物体の運動やそこにはたらく力を扱う力学だけではありません。19世紀に顕著に発展した物理学の分野に、**電磁気学**(でんじきがく)があります。それまで別々のものだと考えられていた**電気**と**磁気**の間に、関係があることがわかり、その関係を調べる研究が進んだのです。

フランスの物理学者**アンドレ=マリ・アンペール**(1775〜1836年)や、偉大な数学者でもあるドイツの**カール・フリードリヒ・ガウス**(1777〜1855年)らが、さまざまな法則を発見しました。

▼+の電荷を帯びた物体と−の電荷を帯びた物体が並んでいるとき、まわりの空間(場)も、電気的な性質を帯びる。その電気的な性質は、図のような「電気力線」によって表現される。

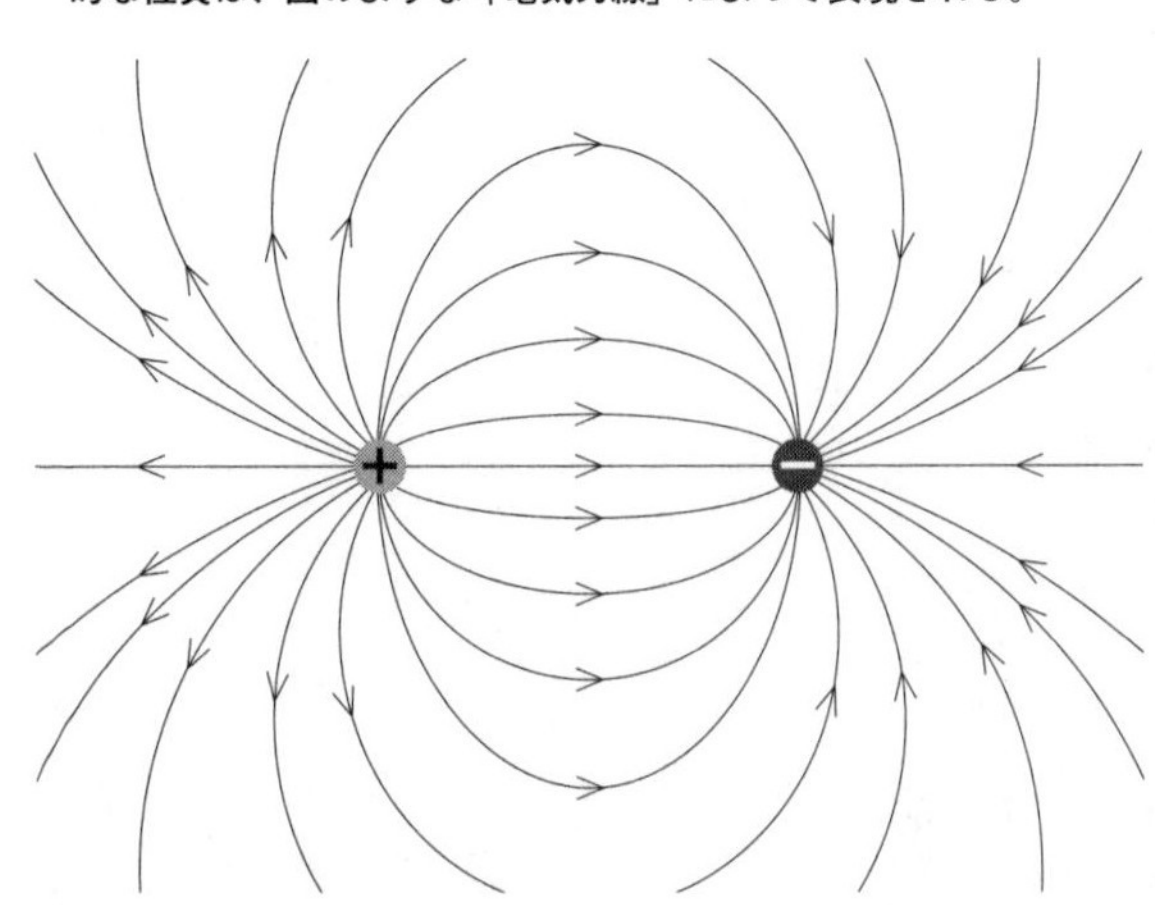

イギリスの実験科学者**マイケル・ファラデー**（1791〜1867年）は、「**電荷**（電気）をもった物体が、ある空間に置かれると、空間自体が電気的な性質をもち、その空間に存在するものに影響を及ぼす」という理論を提唱しました。

これは、物理的な現象を空間（**場**）の性質から説明する、**場の理論**の先駆だとされます。電気と磁気は、このような場を作るので、現在では**電場**、**磁場**と呼ばれます。

◆マクスウェル方程式

電磁気学では、電場と磁場に関する数多くの法則が発見されましたが、それらを統合して古典電磁気学を完成させたのは、イギリスの物理学者**ジェームズ・クラーク・マクスウェル**（1831〜1873年）です。

▲マクスウェル。

彼はたった4つの方程式（**マクスウェル方程式**）によって、「電場と磁場が時間の経過の中でどう変化するか」を表現しました。

変化を正確にとらえたいわけですから、そこでは**微分**が使われます。

電場と磁場は、「**大きさ**」と「**向き**」**をもつ量**です。そのような量を、**ベクトル**と呼びます。そして、ベクトル量を微分積分する方法を、**ベクトル解析**といいます。

マクスウェル方程式は、ベクトル解析を含んだ**微分方程式**なのです。

◆電場と磁場のガウスの法則

マクスウェル方程式を見ていきましょう。

左図の左上の式は、**電場のガウスの法則**と呼ばれ、「電荷があれば、そこから電場が**発散する**」ということを意味しています。

「発散」について説明します。電場については、「+の電荷をもつ物体があれば、そこから電場が**湧き出す**」と考えます。そして近くに−の電荷をもつ物体があれば、電場はそこに**吸い込まれる**ことになりますが、すべてが吸い込まれるわけではありません。

このとき、「**湧き出した量**」**から**「**吸い込んだ量**」**を引いた値**（差し引き、どれだけ出てきたか）を「発散」と呼び、ベクトル解析の記号 **div**（「divergence」の略）で表します。

右上の式は、「磁場は発散することがない」ということを表す**磁場のガウスの法則**です。

磁石をイメージしてください。磁石には必ずN極とS極があり、どちらか一方の極だけの磁石は存在しません。このことは、「N極から湧き出した磁場が、すべてS極に吸い込まれること」を意味します。「湧き出した量」と「吸い込んだ量」が同じなので、発散（差し引きどれだけ出てきたか）はゼロなのです。

◆回転にかかわる法則

下側のふたつの式に出てくる **rot** も、ベクトル解析の記号で、**回転**（「rotation」）を表します。

左下の式は**アンペール=マクスウェルの方**

$$\mathrm{div}\,\vec{E} = \frac{\rho}{\varepsilon_0}$$

電場のガウスの法則

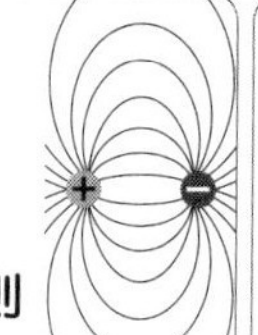

$$\mathrm{div}\,\vec{B} = 0$$

磁場のガウスの法則

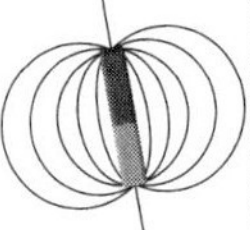

$$\mathrm{rot}\,\vec{H} = \vec{j} - \frac{\partial \vec{D}}{\partial t}$$

アンペール＝マクスウェルの方程式

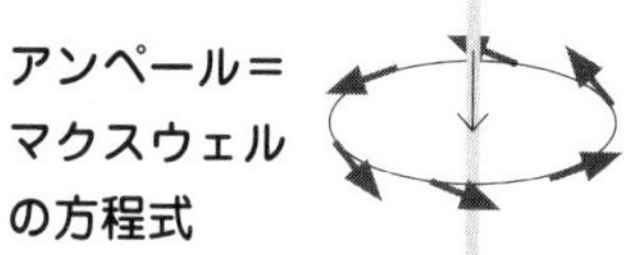

$$\mathrm{rot}\,\vec{E} = -\frac{\partial \vec{B}}{\partial t}$$

ファラデーの電磁誘導の法則

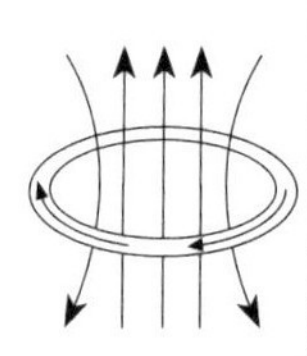

$\vec{E}$ は電場，$\vec{B}$ は磁場，$\vec{H}$ は磁場の強度，$\vec{j}$ は電流密度

▲「マクスウェル方程式」。すべて「微分方程式」の形になっている（積分形もあるが、本質的には同じものである）。「∂」は偏微分（60ページ参照）の記号。

程式といい、「電流が流れたとき、そのまわりを回転するように磁場が生じる」という意味をもちます。

右下の式は、**ファラデーの電磁誘導の法則**を表します。「磁場が時間とともに変化すると、そのまわりを回転するように電場が生じる」という意味です。

マクスウェルは、ベクトルの変化を微分積分でとらえるベクトル解析の手法によって、電場と磁場の理論を見事に統合しました。電場と磁場を「同じひとつのものの、異なる現れ方」とみなす電磁気学では、非常に重要で基本的なツールとして、今も微分積分が用いられています。

COLUMN 05

光は「電磁波」だった

ベクトルの微分積分によって**電磁気学**が整理されたことで、さらに重要な真理が明らかにされました。

マクスウェル方程式を数学的に操作していくと、**「波」を表現する形の式**が得られます。その式は、**電場**と**磁場**を交互に発生させながら進む波が存在することを示していました。

マクスウェル方程式には、「電場から磁場が生まれる」という内容と、「磁場から電場が生まれる」という内容が入っています。ですから、振動する電場と磁場は、互いを生み出しながら、どこまでも進んでいくのです。電場と磁場が振動するこの波は、**電磁波**と名づけられました。

マクスウェルがこの電磁波の速度を計算すると、当時知られていた**光の速度**と、ほぼ一致しました。そこからマクスウェルは、「**光は電磁波の一種である**」との仮説を得たのです。この仮説は、彼の死後に証明されました。

物理学には古くから、「光は飛ぶ粒子である」とする**光の粒子説**と、「光は波として伝わる」とする**光の波動説**がありました。マクスウェルの発見は、光の波動説の決定打とされることになりました。

しかしそののち、光については「**波でもあり、粒子でもある**」という奇妙な本質が明らかになります。光の不思議は、**相対性理論**（第7章参照）や**量子論**（第8章参照）といった20世紀の物理学につながっていきます。

フーリエ解析と微分積分

01 フーリエのアイデアとは?

微分方程式の解法からフーリエ解析が生まれる

◆熱力学と微分積分から生まれた理論

19世紀、**電磁気学**（154ページ参照）と並んで大きく発展した物理学の分野が、**熱力学**です。フランスの数学者・物理学者**ジョゼフ・フーリエ**（1768〜1830年）は、この熱力学の研究と**微分積分**から、**フーリエ解析**と呼ばれる数学的手法を生み出しました。

フーリエ解析は、今日もさまざまなテクノロジーに応用されています。現代文明を支える

▲フーリエ。

▼「フーリエ解析」の基本となるアイデアのイメージ。このアイデアの起源は、スイスの数学者・物理学者ダニエル・ベルヌーイ（1700 ~ 1782 年）にさかのぼるが、フーリエはベルヌーイの考え方を推し進めた。

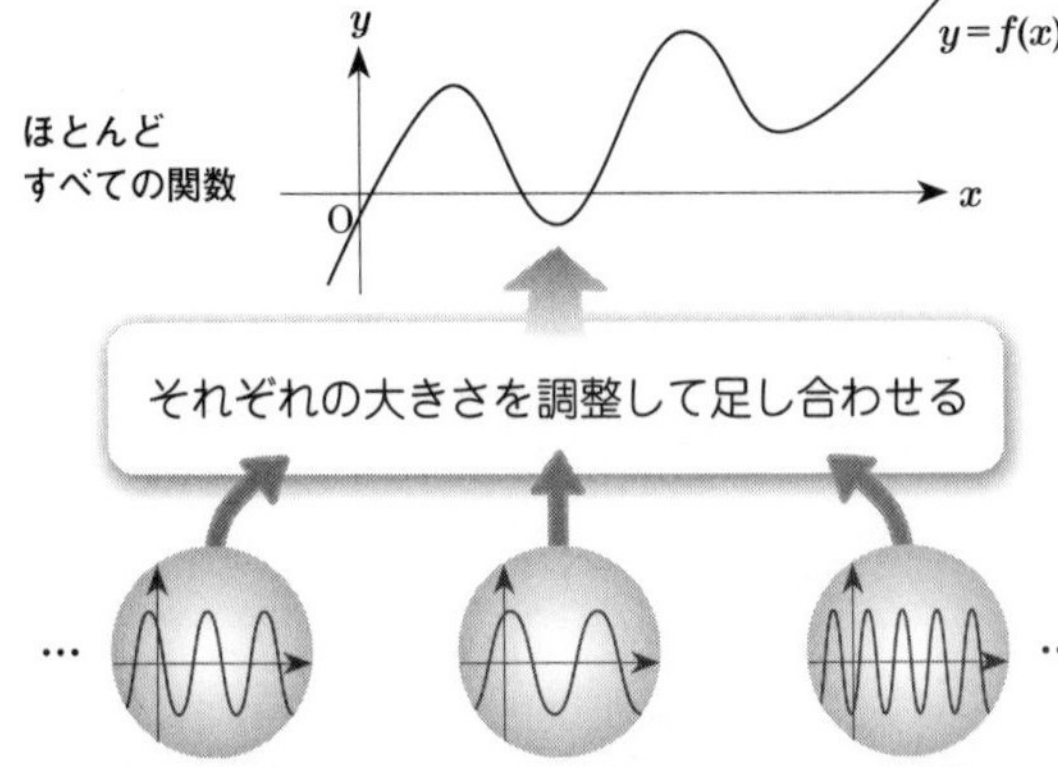

方法だといっても過言ではありません。この章では、そんなフーリエ解析を紹介します。

◆微分方程式を解くために

第5章で見てきたように、物理現象を扱うときに、科学者は**微分方程式**を用います（運動方程式、マクスウェル方程式など）。フーリエは、熱が固体の中を伝わっていく様子を、**熱伝導方程式**という微分方程式に表しました。

しかし微分方程式は、一般に「解く」のが難しく、「解けるか解けないのかわからない」ようなものも少なくありません。

そこでフーリエは、とても面白いアイデアを編み出します。そのアイデアによって、彼は熱伝導方程式の解を導き出すことに成功しました。

それだけではありません。そのアイデアは、**従来は解けなかった微分方程式の新たな解法**として、広く使われるようになったのです。

フーリエ解析の原型となったそのアイデアは、次のようなものでした。

「さまざまな関数は、**三角関数**（92ページ参照）**の足し合わせ**によって表現できる」

これだけでは、よくわからないと思います。

ここで、三角関数のグラフが、波のような形をしていたこと（94ページ参照）を思い出しましょう。フーリエのアイデアは、次のようにいい換えられます。

「さまざまな関数のグラフは、**単純な波の足し合わせ**によって表現できる」

どういうことなのか、これから説明します。

波を重ね合わせればどんな形も作れる!?

三角関数の足し合わせ

◆「波」とはどういうものか

まず、「波とはどういうものなのか」から確認しましょう。

波には、進行方向に振動する**縦波**(たてなみ)と、進行方向と垂直に振動する**横波**(よこなみ)があります。

分析する際は、縦波であっても、進行方向への振動を垂直方向に置き換えて、**山**や**谷**がはっきり見える横波のような図に変換すると、考えやすくなります。

波には、振動の大きさを表す**振幅**(しんぷく)と、「単位時間あたりに何回振動したか」を表す**周波数**(しゅうはすう)という要素があります。

▼「縦波」と「横波」(上)、および、波の基本要素(下)。

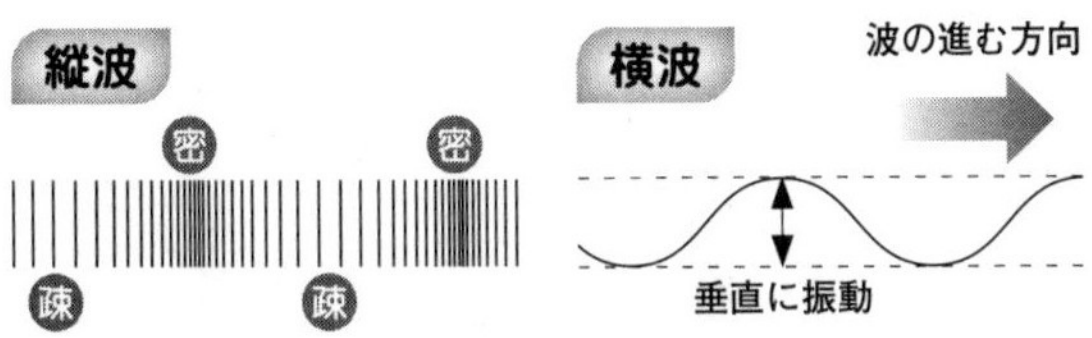

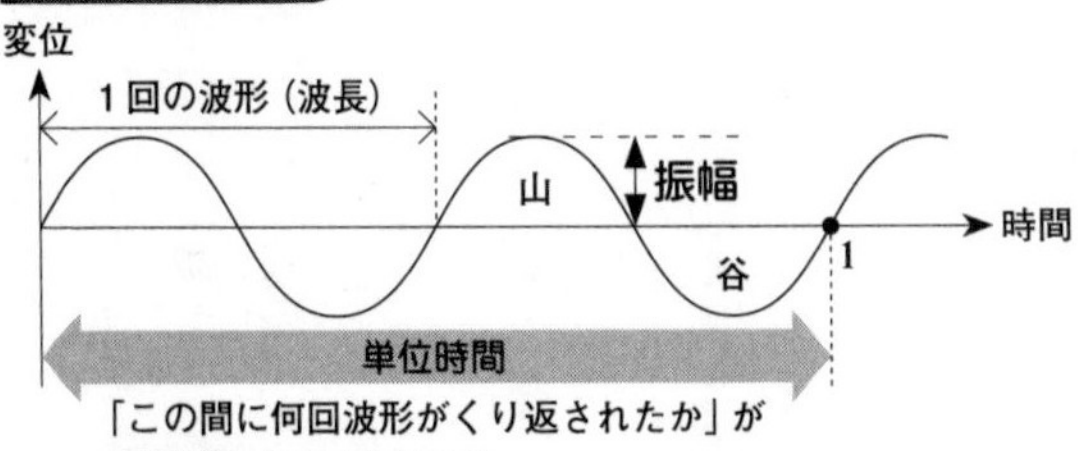

強め合う干渉

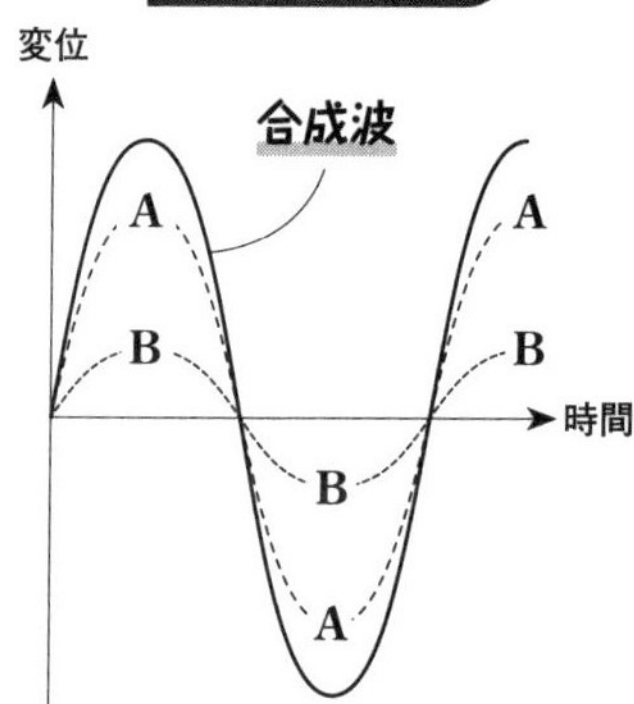

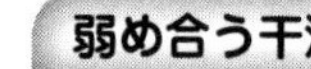

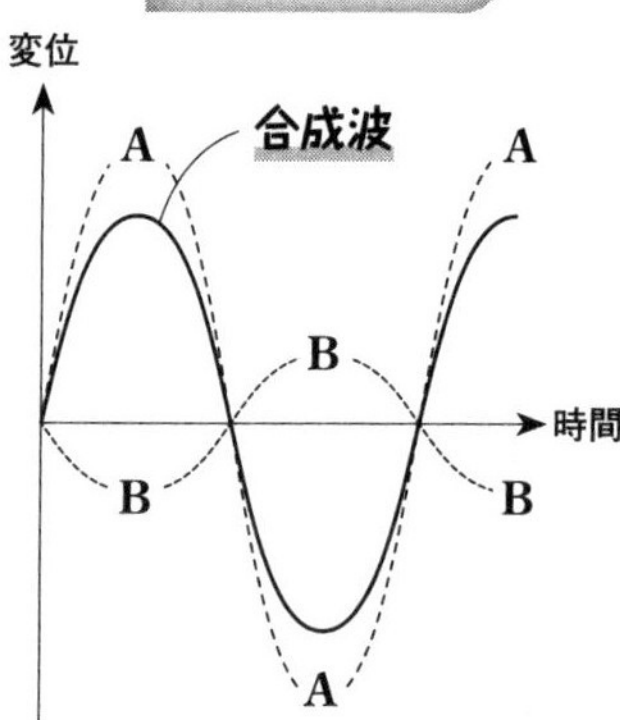

▲波の「干渉」。上がった部分どうし、下がった部分どうしが重なり合うような場合、合成された波の振幅は大きくなる（強め合う干渉）。逆に、上がった部分と下がった部分が重なり合うと、合成された波の振幅は小さくなる（弱め合う干渉）。上図は、周波数が同じ波どうしの干渉だが、周波数が異なる波の間で干渉が起こると、「合成波」の形はもっと複雑になる。

お風呂などで、2か所で同時に水をまぜると、それぞれから波が広がり、ぶつかるところで複雑な波形に変わります。このように、複数の波が重なり合い、新しい**合成波**が生じることを、波の**干渉**といいます。

◆三角関数の振幅と周波数

次に、**三角関数**を考えます。第3章では角度をθという記号で表しましたが、ここではxの記号で表すことにします（本質的に違いはないので、気にしないでください）。

たとえば $y=\sin x$ をグラフで表すと、**波のような形**になります。

164ページの図を見てください。$\sin x$に2をかけた $y=2\sin x$ も、波のようなグラ

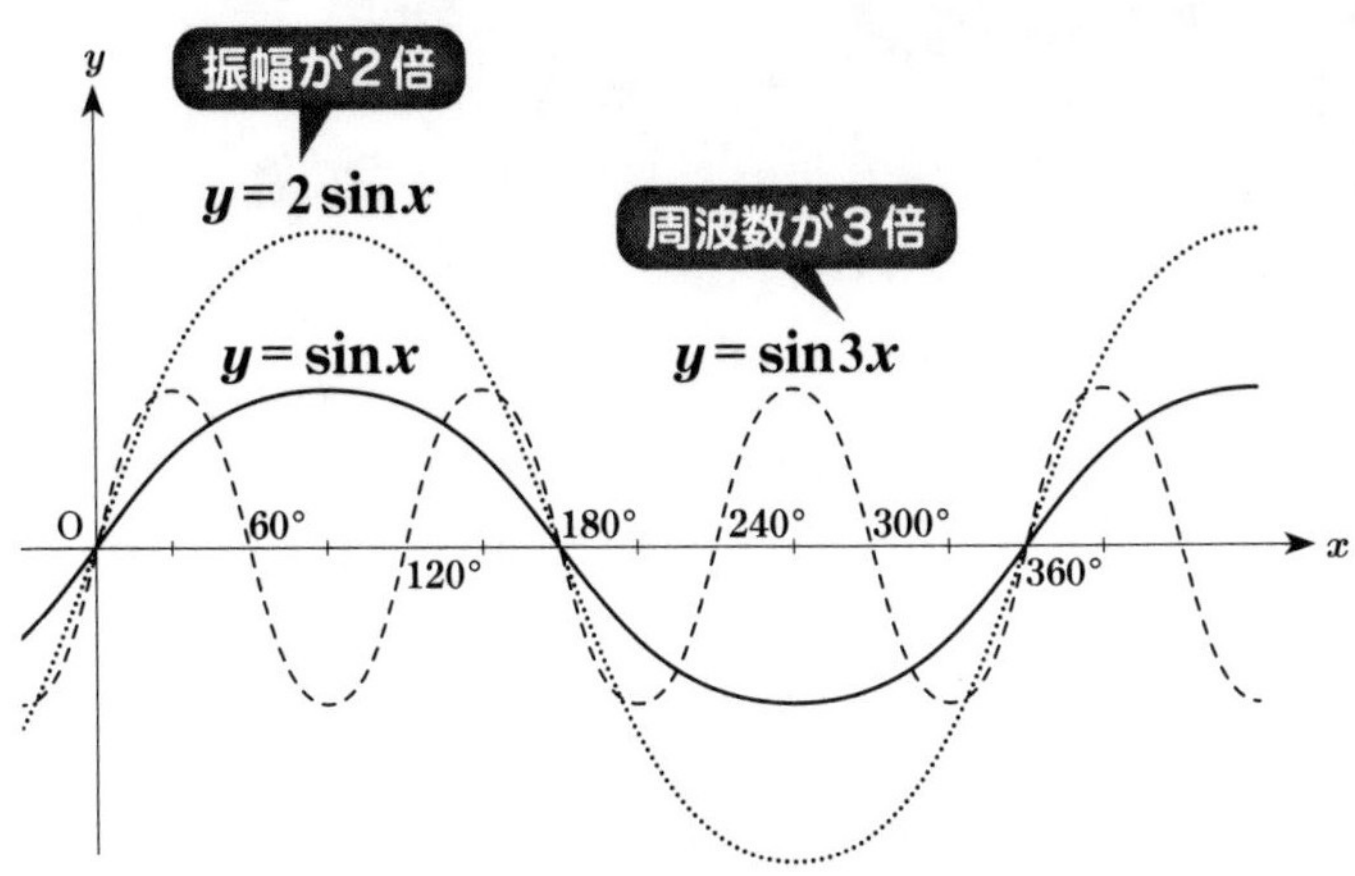

▲振幅と周波数を変えた三角関数のグラフ。$\sin x$ の係数（振幅）を大きくすると縦方向の振動が大きくなり、角度 x の係数（角周波数）を大きくすると振動する回数が多くなる（周期が短くなる）。

フです。このとき、振幅が2倍になります。**$\sin x$ にかけられた数字（$\sin x$ の係数）は、振幅になる**のです。

また、x に3をかけて、$y=\sin 3x$ を作ってみましょう。これも波のようなグラフになり、今度は、周波数が3倍になりました。**角度 x にかけられた数字（x の係数）は、周波数にかかわる**というわけです。ちなみに、この角度 x にかけられた数（ここでは3）のことを、**角周波数**と呼びます。

このように、三角関数のグラフは、**それぞれの振幅と周波数をもつ波**になります。

◆三角関数の足し合わせで表現

さて、ここからが、**フーリエ**の驚くべきア

単純な三角関数（波）

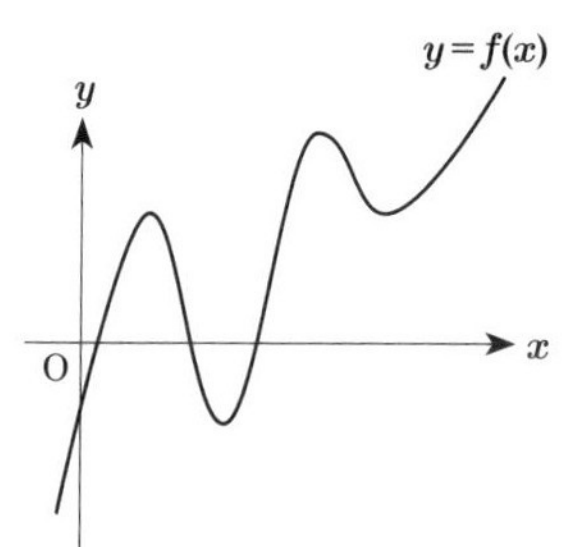

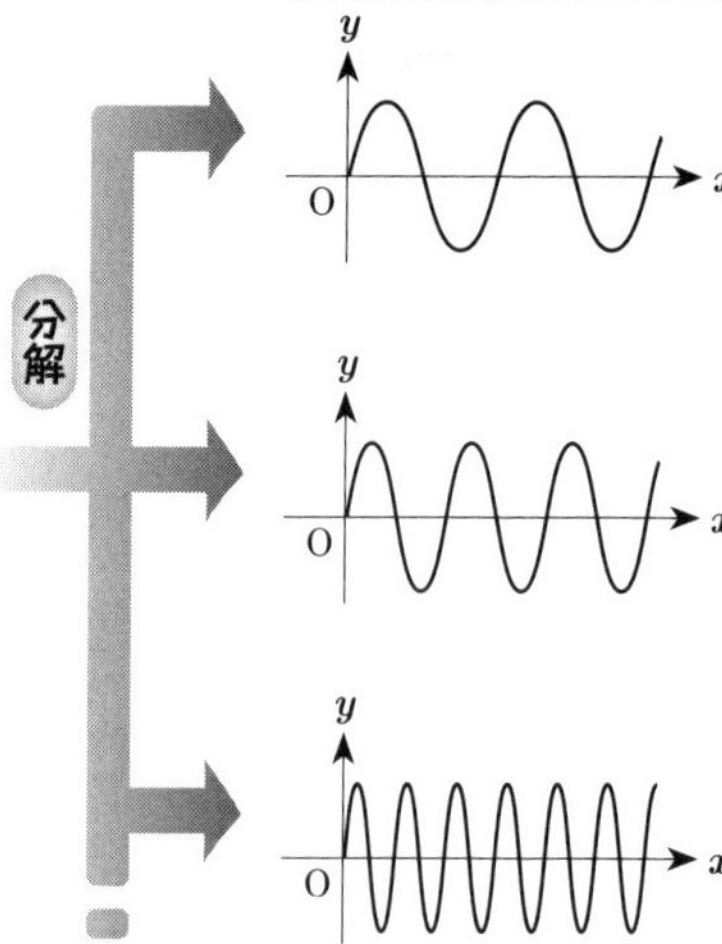

▲複雑な関数のグラフは、単純な波（三角関数のグラフ）の足し合わせで作れる。逆にいうと、複雑な関数を、単純な三角関数に分解することが可能である。

イデアです。

波を重ね合わせると、干渉によって波の形が変わるのなら、逆に**どんな形も、「波の重ね合わせ」としてとらえられる**のではないか。

そして、「**複雑な関数のグラフを、いろいろな振幅と周波数をもつ三角関数を合成することで作れる**」と考えたのです。

いろいろな波（三角関数）を合成して作ったグラフが、別の関数のグラフと、まったく同じものになるのであれば、それは、「ある関数を、三角関数の足し合わせによって表現できる」ということを意味します。

そして、三角関数は**微分積分の計算がとても簡単**です（95ページ参照）。関数を、三角関数の形に変換して表現することには、大きなメリットがあるのです。

離散的なものの「和」として表される

周期関数とフーリエ級数展開

◆周期関数を三角関数の「和」で表す

のちに、ほかの数学者たちの努力によって、フーリエのアイデアが**ほとんどすべての関数に当てはまる**ことが証明されました。

まず、$y=\sin x$ の正弦波のような単純な波でないにしても、グラフが「同じ波形のくり返し」でできている関数を取り上げましょう。

そのような、変化に周期性がある関数を、**周期関数**といいます。周期関数は、三角関数の和の形で表現されます（左図参照）。

そして、周期関数を三角関数の和の形で表現することを、**フーリエ級数展開**といいます。

級数とは、**数列**（数が列になったもの）の和のことです。ここでは、「振幅と角周波数の異なる三角関数が、並んで列を作っており、それを足し合わせれば、周期関数とイコールになる」と考えてください。

◆集まった三角関数を整理する

周期関数を、いくつもの三角関数の和として表現すると、「**どんな三角関数（波）たちが集まって、この周期関数を作っているのか**」がわかります。

せっかくですから、「どんな三角関数（波）

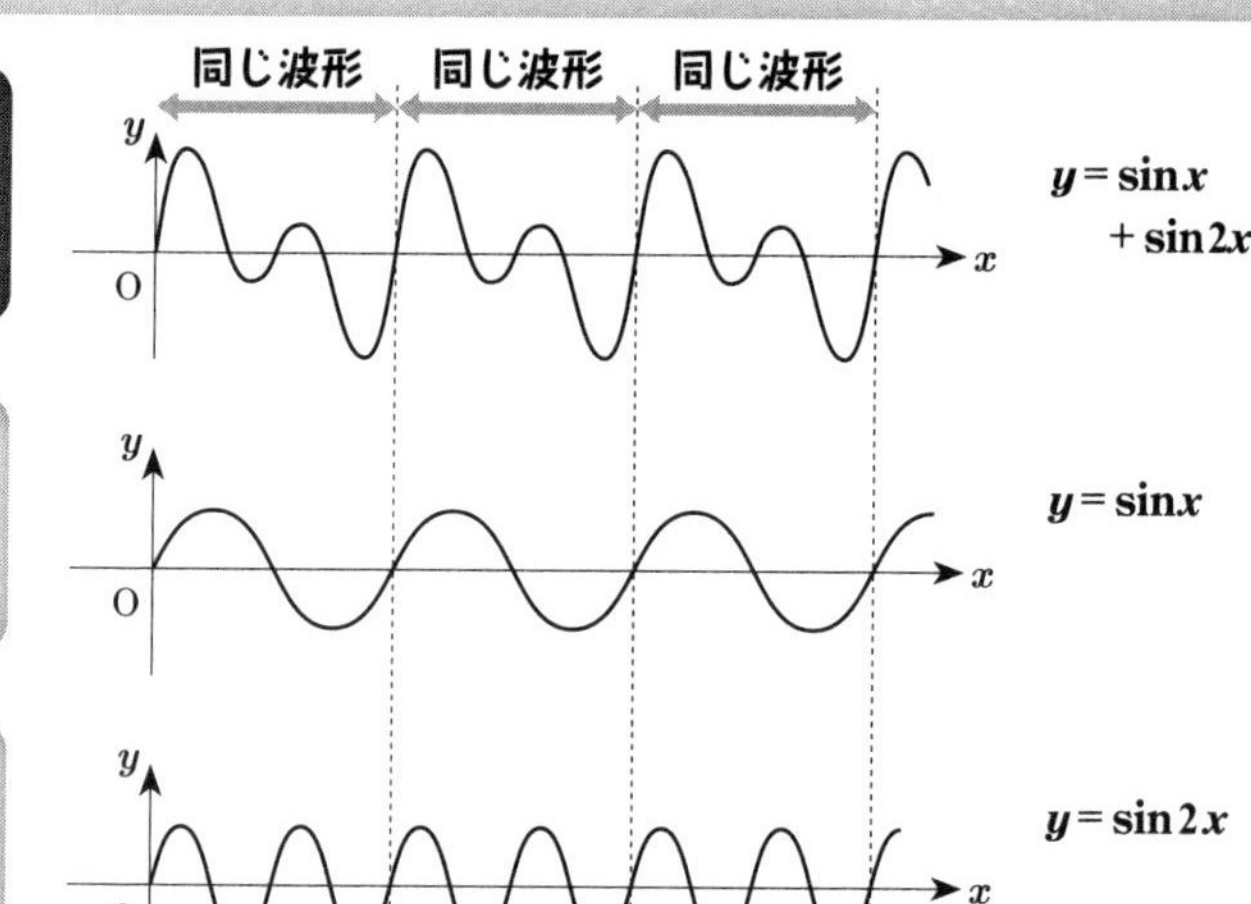

▲一定の「周期」で同じ波形をくり返す「周期関数」は、三角関数の単純な「波」の足し合わせでできている。もっと複雑な周期関数や、一見したところ波には見えないような周期関数も、「フーリエ級数展開」を使えば、三角関数の和として表現できる（その際の計算には、積分を含む難しい公式が用いられる）。

たちが集まっているのか」のデータを、もっとわかりやすく、簡単にしてみましょう。

　それぞれの三角関数が「どんな三角関数（波）か」は、**振幅**と**角周波数**からわかります。ですから、この2種類のデータだけ集めて整理すれば、より簡単になりそうです。

　ここでは、たくさんの三角関数を、「小学生のグループ」にたとえることにします。振幅を「身長」、角周波数を「誕生日」のようなものだと思ってください。

　小学生たちに「誕生日が早い順に並んでね」と指示して一列にすると、「誕生日」の早い遅いが、ひと目でわかるようになります。また、この列を見れば「身長」もだいたいわかります。このような列を作ることで、「誕生日」と「身長」という2種類のデータが、

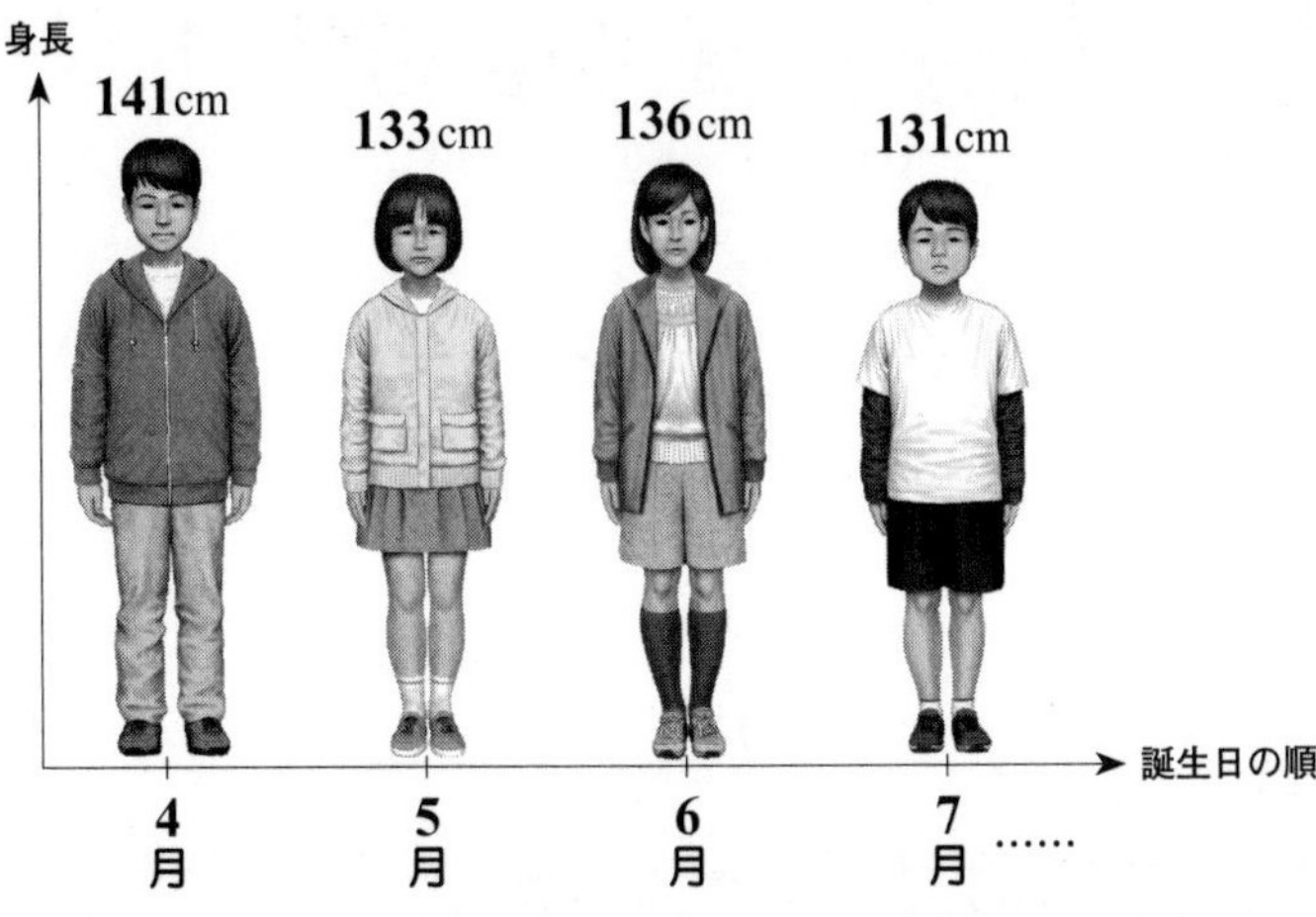

▲小学生のグループを、「誕生日」の順に並べると、「誕生日」と「身長」のデータを読み取りやすくなる。「フーリエ級数展開」の発想は、これに近い。

わかりやすく簡単に整理されるといえます。

三角関数のデータを整理するときも、角周波数の順に並べ、それぞれの振幅（大きさ）を表示するグラフを作ればよいでしょう。

角周波数を横軸に、振幅（大きさ）を縦軸に取ったグラフを、**周波数スペクトル**といいます。このグラフを見れば、「どの角周波数の三角関数が、どれだけの大きさで入っているのか」がわかり、「周期関数を作っているのは、どんな三角関数たちなのか」を、ひと目で把握できます。

フーリエ級数展開とは、いってみれば「周期関数を、いくつもの三角関数という成分に分解すること」です。そしてその成分は、振幅と角周波数という2種類のデータだけのグラフとして、簡単に表現できるのです。

複雑な関数 $f(t)$ を，

$$f(t) = 4\sin x + 3\sin 2x + 5\sin 3x$$

と分解できたとする。

角周波数1
大きさ4

角周波数2
大きさ3

角周波数3
大きさ5

これを**周波数スペクトル**に表すと，

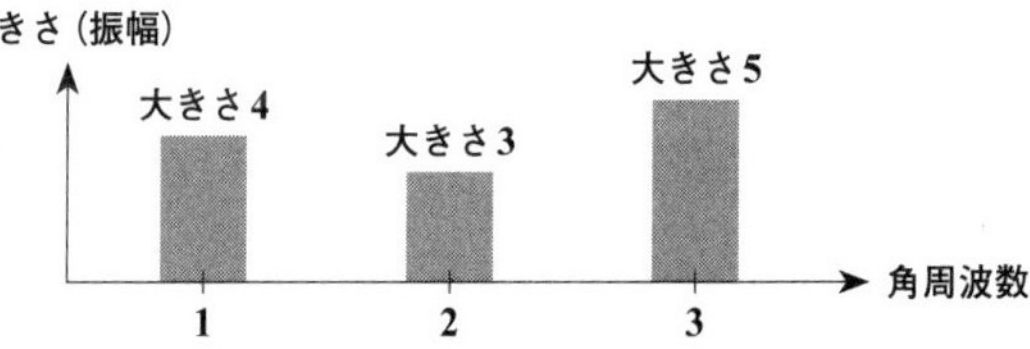

▲横軸に角周波数を、縦軸に大きさ（振幅）を取った座標平面を用意する。関数を三角関数という成分に分解して、それらの角周波数と大きさ（振幅）のデータを、この座標平面上に整理する。このようなグラフを、「周波数スペクトル」という。「周期関数」の周波数スペクトルは、それぞれ独立した（「離散」的な）棒グラフが集まった、「離散スペクトル」になる。

◆離散スペクトル

フーリエ級数展開の周波数スペクトルは、棒グラフになります。

その中で、周期関数から分解された三角関数は、それぞれ別の棒として、ほかの棒から切り離された形で存在します。

ですからそれらの棒は、「ひとつ」「ふたつ」「みっつ」と数えることができます。つまり、**離散**的（70ページ参照）です。

周期関数が、三角関数の和（70ページの用語では「総和」）として表現されるのも、そこで足し合わされる三角関数たちが、離散的（バラバラ）に存在しているからです。

離散的な成分を表示する周波数スペクトルのことを、**離散スペクトル**といいます。

非周期関数とフーリエ変換

連続的なものを「積分」する強力なツール

◆非周期関数は級数展開できない

前の項目では、「周期関数を、離散的な三角関数（波）の和として表現できること」（**フーリエ級数展開**）を説明しました。

しかし、関数には、**くり返しの周期をもたないもの**も数多くあります。

私たちがよく知っている、$y=2x-1$（36ページ参照）といった1次関数（グラフは傾きのある直線）や、$y=x^2$（38ページ参照）といった2次関数（グラフは放物線）も、周期的な変化をする関数ではありません。

そしてじつは、変化の周期をもたない**非周期関数**は、三角関数を「+」で足し合わせた和としては表せないのです。つまり、非周期関数には、フーリエ級数展開が通用しません。

◆連続スペクトル

なぜ非周期関数は、三角関数の和として表現できないのでしょうか。

それを感覚的につかんでいただくために、非周期関数の**周波数スペクトル**（168ページ参照）を考えてみましょう。

「非周期関数も、三角関数が集まってできたものだ」というふうに、とりあえずは思って

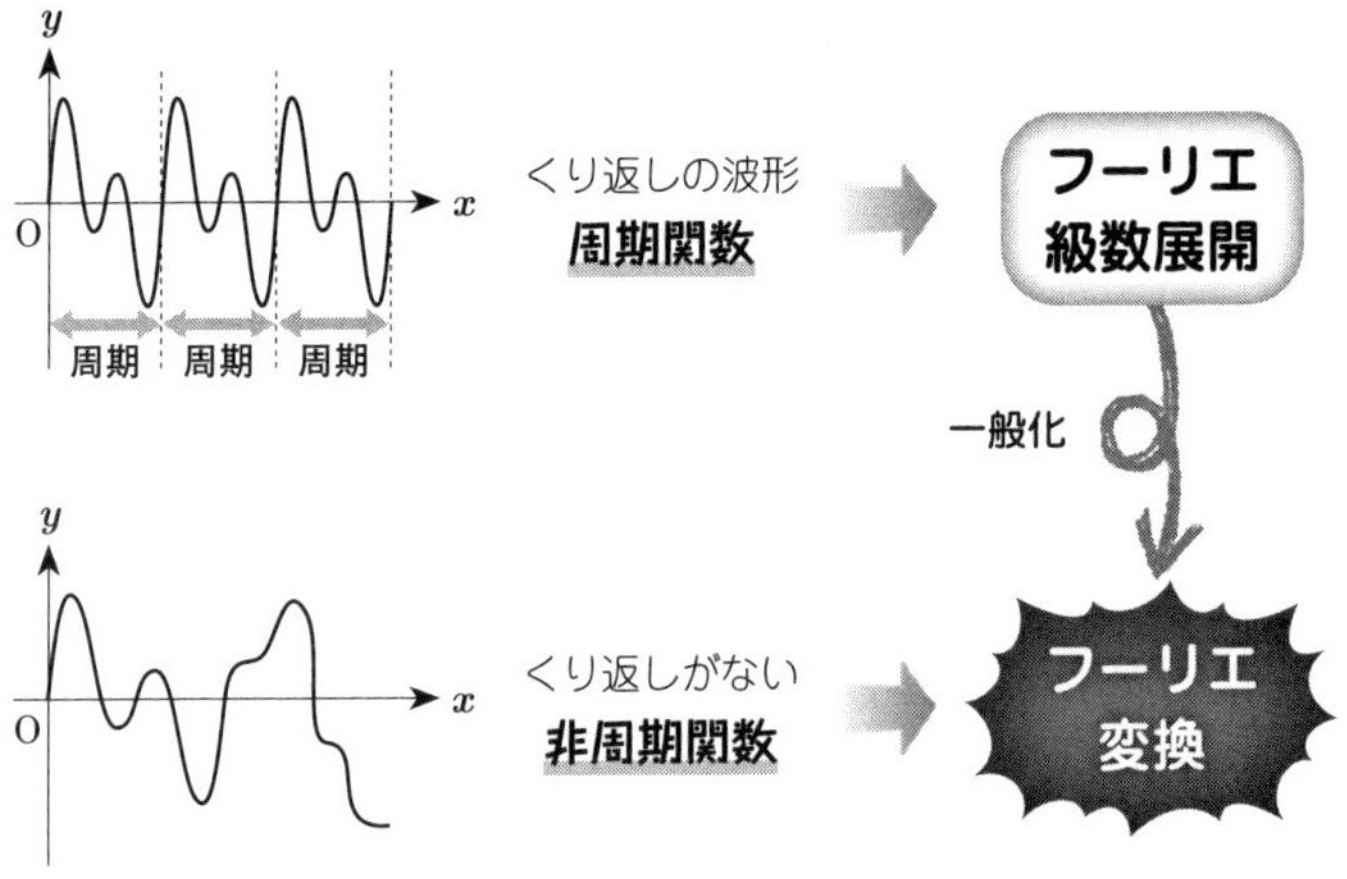

▲「周期関数」は「フーリエ級数展開」できるが、「非周期関数」は「フーリエ級数展開」できない。そこで、「非周期関数」を三角関数の観点からとらえるために編み出されたのが、「フーリエ変換」である。

ください。そのうえで、集まっている無数の三角関数について、「この角周波数をもつ三角関数は、大きさ（振幅）がこれだけ」「この角周波数だと、大きさはこうなる」というふうに、角周波数と大きさの関係を、図として整理することを試みるのです。

実際の計算は省きますが、これをやろうとすると、周期関数の周波数スペクトルとは違ったものになります（172ページの図）。

周期をもったくり返しの関数は、三角関数の成分に分解すると、離散的（バラバラ）な棒グラフになりましたが（**離散スペクトル**）、周期をもたない関数の周波数スペクトルは、ひとつひとつはっきり分離した棒グラフではなく、**切れ目なくつながったもの**になるのです。

つまり、非周期関数を構成する無数の三角

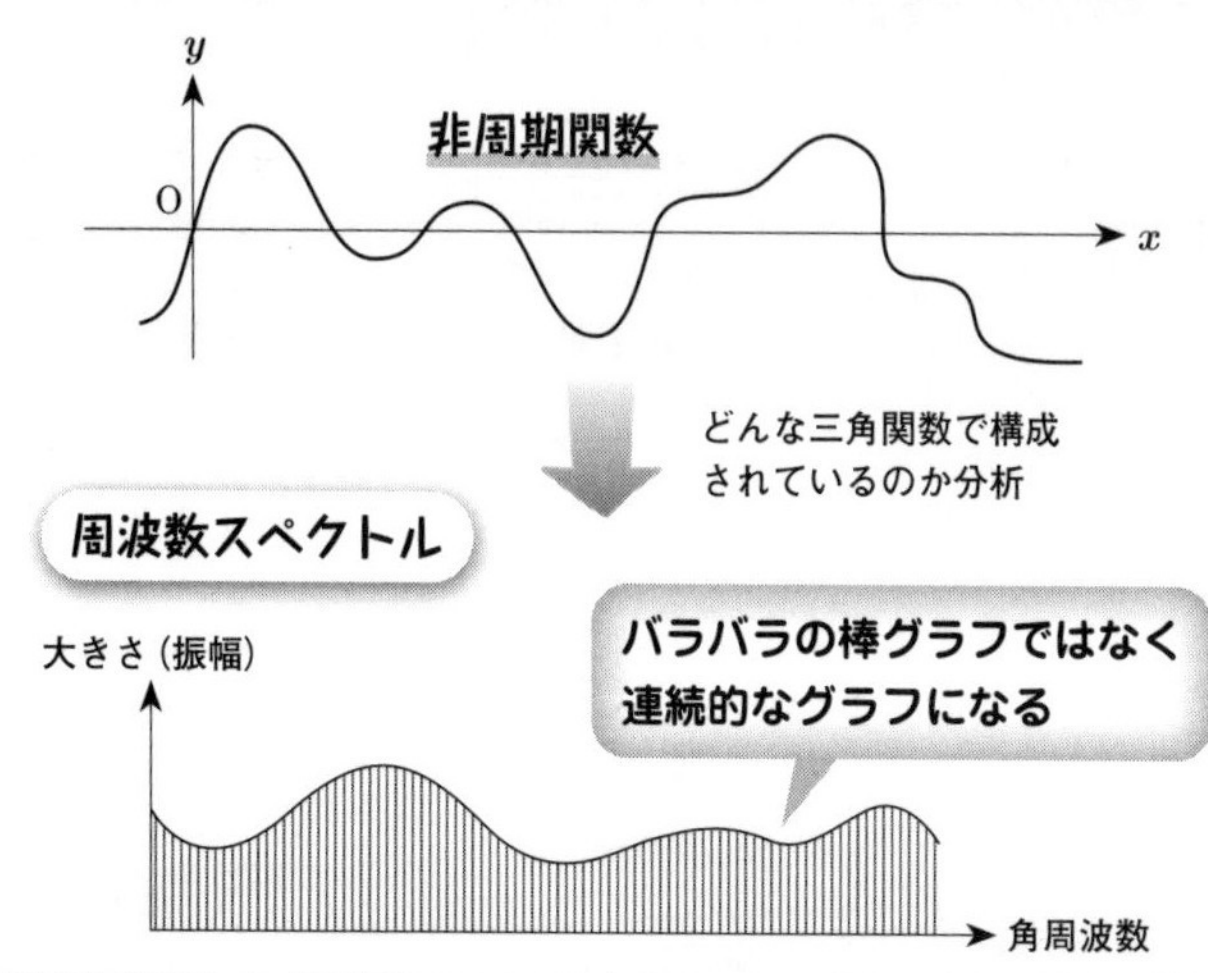

▲「非周期関数」の「周波数スペクトル」を作ると、ひとつひとつがはっきり分かれた棒グラフではなく、「無限小の幅の短冊」が敷き詰められたようなグラフになる（連続スペクトル）。この「無限小の幅の短冊」の足し合わせは、「＋」では計算できない。しかし、「積分」の方法を使えば足し合わせることができる。

関数は、**連続的**（71ページ参照）な形で集まっているのです。これを**連続スペクトル**といいます。

イメージしづらいところですが、積分の説明に用いた短冊でたとえましょう（14ページ、68ページなど参照）。

周期関数を構成する三角関数たちは、1センチなら1センチといった幅のある短冊のようなものなので、「ひとつ」「ふたつ」「みっつ」と数えられますし、だからこそ「＋」で足し合わせることができます。

一方、非周期関数を構成する三角関数たちは、**幅が無限小の短冊**です。糸よりも細い短冊がぎっしり敷き詰められ、ひとつずつの境目もなく連続しています。だからこそ、**「＋」では足し合わせられない**のです。

◆フーリエ変換

しかし、「＋」による足し合わせよりも強力な方法を、私たちは知っています。**積分**です。積分を用いれば、「＋」では足し合わせられない連続的なものを、足し合わせることができます。

そして、「＋」の発想だったフーリエ級数展開を、積分の発想によってバージョンアップした、強力な数学的テクニックがあります。**フーリエ変換**です。

このフーリエ変換を数学的に理解しようとすると、複雑な数式を扱わなければならなくなりますが、ここではそれを省き、基本的な発想だけを、ざっくりと紹介します。

それは、「非周期関数は、三角関数の和としては表せないけれど、**三角関数の積分**として表すことができる」というものです。

この発想によって、「さまざまな関数を、三角関数の足し合わせによって表現しよう」というフーリエの考えは、より広い範囲に通用するようになりました。ほとんどの関数のグラフが、「波」としてとらえられるようになり、単純な波の足し合わせで表現できるようになった、といってもよいでしょう。

フーリエ変換を使って関数を分析することを、**フーリエ解析**といいます。

複雑な波を単純な波に分解して扱うフーリエ解析は、現代のテクノロジーの中でも、あらゆるところで利用されています。その中でも面白いものを、いくつか紹介していきましょう。

「人間にわからない部分」はカットしてOK!?

フーリエ解析とデータ圧縮

◆情報技術への利用

積分の発想にもとづく**フーリエ解析**が利用されているテクノロジーとして、代表的なのは**IT（情報技術）**です。フーリエ解析は、たとえば**データ圧縮**のための**アルゴリズム**（計算の手続き）として、さかんに利用されています。

音声や画像を普通にデータ化すると、膨大なデータ量になります。もとのデータの質を損なわずに、データ量を圧縮することができれば、保存や通信に便利です。

そこで音声ならば**MP3**、画像ならば**JPEG**といった形式でデータが圧縮されるのですが、そこではフーリエ解析が中心的な役割を担っています。

◆音声圧縮のメカニズム

ここでは特に音声圧縮を取り上げましょう。

そもそも「音声」とは、物理学的にいえば、空気の振動としての**波**です。そしてフーリエ解析の観点からすると、たとえ複雑な波であっても、**周波数（角周波数）ごとの単純な波に分解**することができます。

今、音声を録音して、時間と振動を表すデ

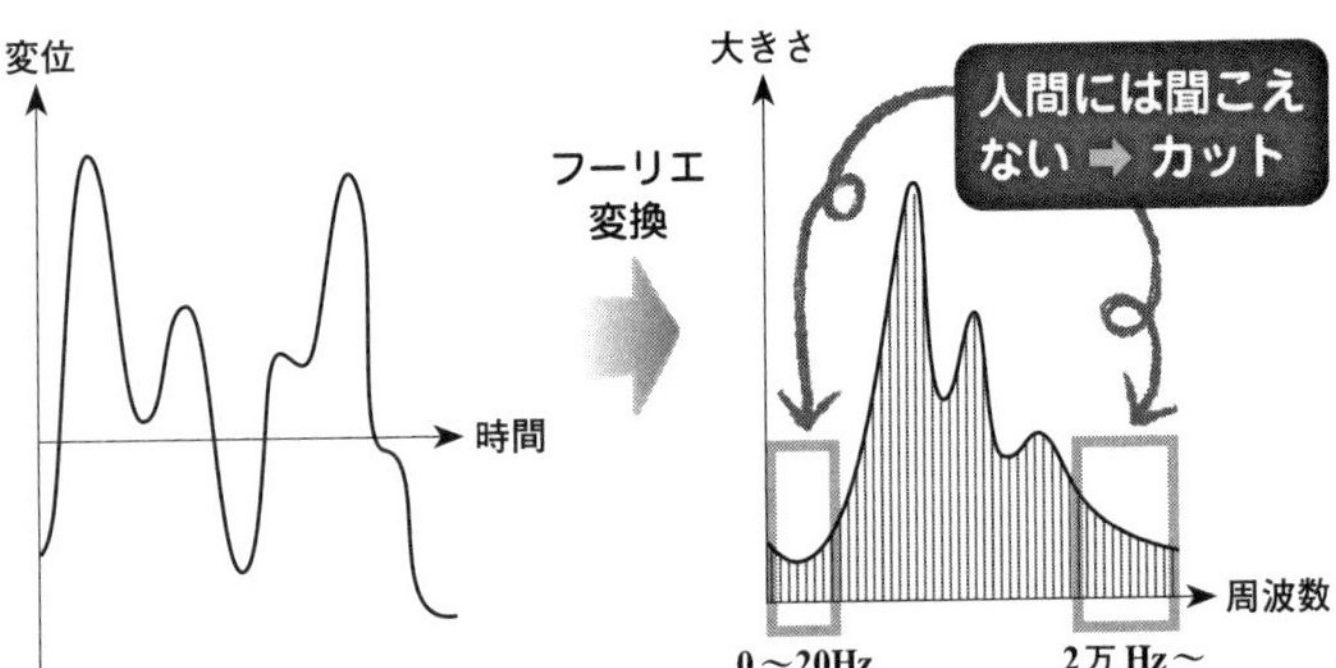

▲人間の聴覚には、20～2万 Hz という可聴音域(かちょうおんいき)があり、この範囲よりも低周波の音と高周波の音は聞こえない。フーリエ変換によって、音の波を周波数ごとの波に分解し、人間に聞こえない周波数の波をカットするのが、「音声圧縮」のメカニズムである。ちなみに、「聞こえないはず」の音域でも、聞く人間に何らかの影響を及ぼしているのではないか、という説もある。

ータにすると、図①のような波形になったとしましょう。このデータをそのまま使うのではなく、**フーリエ変換**を行って、図②のような周波数ごとの大きさを表すデータに変えます。つまり、もとの複雑な波を、周波数の異なる単純な波に分解するのです。

無数の単純な音の波の中には、周波数が低すぎたり高すぎたりして、人間に聞こえないものも混じっています。どうせ聞こえないならば、その部分をまとめてカットすれば、データが軽くなってくれます。これが、フーリエ解析による音声データ圧縮の発想です。

複雑なデータも、周波数の世界に移すと、単純な形になってくれます。フーリエ解析は、普段は見えない周波数の世界を見せてくれる、魅力的で有用な技術です。

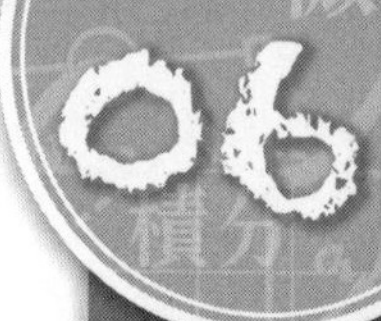

フーリエ解析と天文学

宇宙からやってくる「波」を解読せよ

◆電磁波とフーリエ解析

フーリエ解析は、**天文学**にも利用されています。**宇宙からやってくるさまざまな波**を、フーリエ解析によって分析して、宇宙についての情報を得るのです。

宇宙からやってくる波として、真っ先に挙げられるのは、光も含めた**電磁波**（でんじは）（158ページ参照）です。

ひと口に電磁波といっても、周波数によって、さまざまな種類に分かれます。多様な周波数の電磁波は、遠く離れた天体からも地球に降り注いでいます。

▼周波数による「電磁波」の分類。

種類				用途
電磁波	電離放射線		γ線	
電磁波	電離放射線		X線	
電磁波	光		紫外線	
電磁波	光		可視光線	
電磁波	光		赤外線	赤外線こたつ
電磁波	光		遠赤外線	
電磁波	電波	マイクロ波	サブミリ波	
電磁波	電波	マイクロ波	ミリ波	レーダー
電磁波	電波	マイクロ波	センチ波	衛星放送
電磁波	電波	マイクロ波	極超短波	テレビ、電子レンジ
電磁波	電波		超短波	FMラジオ、テレビ
電磁波	電波		短波	短波ラジオ
電磁波	電波		中波	AMラジオ
電磁波	電波		長波	船舶、航空機用通信
電磁波	電波		超長波	
電磁界			極低周波	家庭電化製品など

周波数 (Hz)：10^{22}、10^{20}、10^{18}、10^{16}、10^{14}、1兆Hz、10^{12}、10^{10}、1億Hz、10^{8}、10^{6}、10^{4}、100、10（高 ← 周波数 → 低）

たとえば、遠く離れた**恒星**（太陽のように自分のエネルギーで光を発する天体）からは、あらゆる周波数の電磁波が混じった光がやってきます。この波を**フーリエ変換**して、周波数ごとの単純な波に分解すると、恒星の温度を精密に測定したり、位置を調べたりすることができます。

分けられた周波数の光ごとに、天文学は細分化されています。**赤外線天文学**、**電波天文学**、**X線天文学**など、それぞれの光の特性を利用した解析が行われており、周波数に応じた観測衛星や望遠鏡が開発されてきました。

◆重力波

宇宙からやってくる波として、もうひとつ忘れてはいけないのが、**重力波**です。

これは、第7章で扱う**一般相対性理論**からその存在が予言されていたものです。2016年に初めて直接検出され、大きな話題になりました。

ここでは簡単な紹介にとどめますが、重力波とは、**時空（時間と空間）のゆがみが振動として伝わっていく波**だと思ってください（時間と空間が「ゆがむ」ということについては、第7章で説明します）。

この重力波の解析にも、フーリエ解析は利用されています。やはり、重力波の波動を、周波数ごとの単純な波に分解するのです。

フーリエ解析は、宇宙から届くメッセージを読み解くための、欠かすことのできない基盤理論となっています。

COLUMN 06

古典物理学から現代物理学へ

物理学の中でも、おおむね19世紀までに体系化されていったさまざまな理論を、**古典物理学**（**古典論**）と総称します。

その中には、物体の運動に関する**ニュートン力学**や**解析力学**、電場と磁場に関する**電磁気学**、熱に関する**熱力学**などがあります。これらの理論は、すばらしい完成度にまで高められていました。

しかし、20世紀の初頭、物理学の歴史に、大きなターニングポイントが訪れます。**相対性理論**と、**量子論**の誕生です。

相対性理論は、「人間が日常的には経験できないような、光の速度に近い運動には、従来の物理学の常識が通用しない」ということを示しました。

また、量子論が明らかにしたのは、「人間が日常においては感知できないような、きわめて小さなスケールの世界には、従来の物理学の常識は通用しない」ということです。

特に量子論（量子力学）は、古典物理学とはまったく違った**現代物理学**の世界を開いたとされます（相対性理論は、現代物理学に含める場合もありますが、学術的には古典物理学に属する理論だとされます）。

ちなみに、古典物理学の熱力学から生まれた**フーリエ解析**は、量子力学でもたいへん重要な方法となっています。量子力学では「波」が理論の中心に据（す）えられているので、波を扱うフーリエ解析は重宝（ちょうほう）されるのです。

微分積分で相対性理論がわかる

01 19世紀後半に科学が直面した「難題」とは？
相対性理論はどこから生まれたか

　この章では、20世紀初頭に出現して物理学を塗り替えた**相対性理論**と、**微分積分**との関係を見ていきます。

　まずは、「相対性理論とはどんな理論なのか」をつかむために、「**相対性理論は、どんな背景から生まれたのか**」を押さえましょう。

◆絶対時間と絶対空間

　19世紀後半まで、多くの物理学者たちの間では、ふたつの事柄が信じられていました。

　ひとつは、**絶対時間**と**絶対空間**です。

「時間と空間は、客観的に存在するものであり、視点によって時間や空間のあり方自体が

▼「すべての慣性系において、同じ力学法則が成り立つ」という「ガリレイの相対性原理」は、「異なる慣性系の間で『どちらが静止状態で、どちらが等速直線運動をしている状態か』を決める絶対的な基準はない」とも表現できる。これはたとえば、自分では「静止しているつもり」でも、ほかから見ると等速直線運動をしているところかもしれない、ということである。

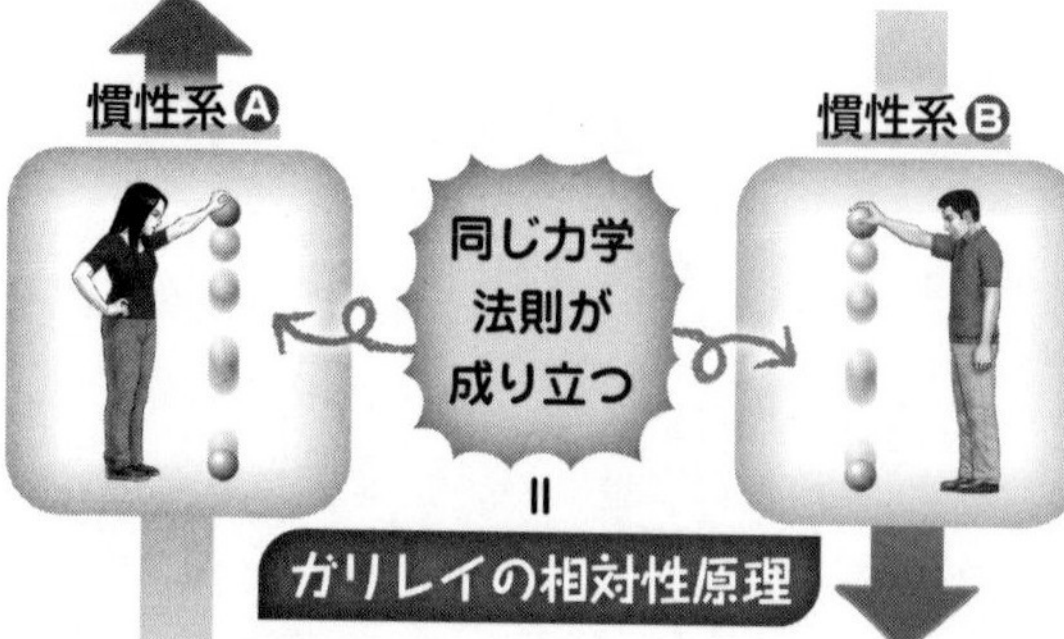

違ったりはしない」と考えられていました。

◆ガリレイの相対性原理

もうひとつ、科学者たちが信じていたのは、**ガリレイの相対性原理**です。

その内容は、「**すべての慣性系（かんせいけい）において、同じ力学法則が成り立つ**」と表現できます。

慣性とは、「外から力を加えられない限り、物体は**静止**または**等速直線運動**を続ける」という性質です（138ページ参照）。**慣性系**とは、「静止または等速直線運動している、ひとまとまりのもの」だと思ってください。

たとえば、Ⓐ地面の上に私たちがいる状態は、慣性系とみなすことができます。そこには、「ボールを落とすと、真下に落ちる」といった力学の法則がはたらきます。

また、Ⓑ等速でまっすぐ進んでいる電車の中も、慣性系です。電車に乗っている人がボールを落とすと、その人から見て、やはり真下に落ちます。ほかの慣性系（地面の上）と、同じ力学法則がはたらいているわけです。

「相対性」という言葉は、「**絶対的ではないこと**」「関係の中でしか決まらないこと」を意味します。ガリレイの相対性原理は、「異なる慣性系の間で『どちらが静止状態で、どちらが等速直線運動をしている状態か』を決める**絶対的な基準はない**」とも表現できます。

地上の人が電車を見ると、「あの電車は動いていて、自分は静止している」と思うでしょうが、実際はその人が立っている地球も動いているのです。

◆ガリレイ変換

ある慣性系の視点（Ⓐの地上の人）から、別の慣性系の中の運動（Ⓑのボール）を計算したいときは、**ガリレイ変換**という手続きを行えばよいと考えられてきました。

ガリレイ変換の簡単な例を挙げましょう。

時速50キロで等速走行する電車内で、電車の進行方向に向けて、野球のピッチャーが時速160キロの直球を投げたとします。そのボールを、電車の外から見ている人がいます。

もし電車が止まっていたとしたら、外から見る人の視点にとっても、ボールは時速160キロですが、電車自体が進んでいますから、その分さらに速く見えるはずです。この場合、外の人から見たボールの速度は普通、

50 + 160 = 210（km/時）

と計算されます。ガリレイ変換の一例です。

◆科学者たちを悩ませた難題

さて、19世紀後半は、**力学**も**電磁気学**も熱**力学**も確立され、「物理学は完成した」とすらいわれていた時代でした。しかしそんなとき、従来の常識ではどうとらえてよいのかわからない、新しい難題が見えてきました。

ある慣性系から別の慣性系にガリレイ変換されても、**ニュートン力学**の**運動方程式**などは、問題なく同じように成立します。このことは「ニュートン力学の法則は、ガリレイ変換に対して**共変**（きょうへん）である」と表現されます。

しかし、電磁気学の**マクスウェル方程式**

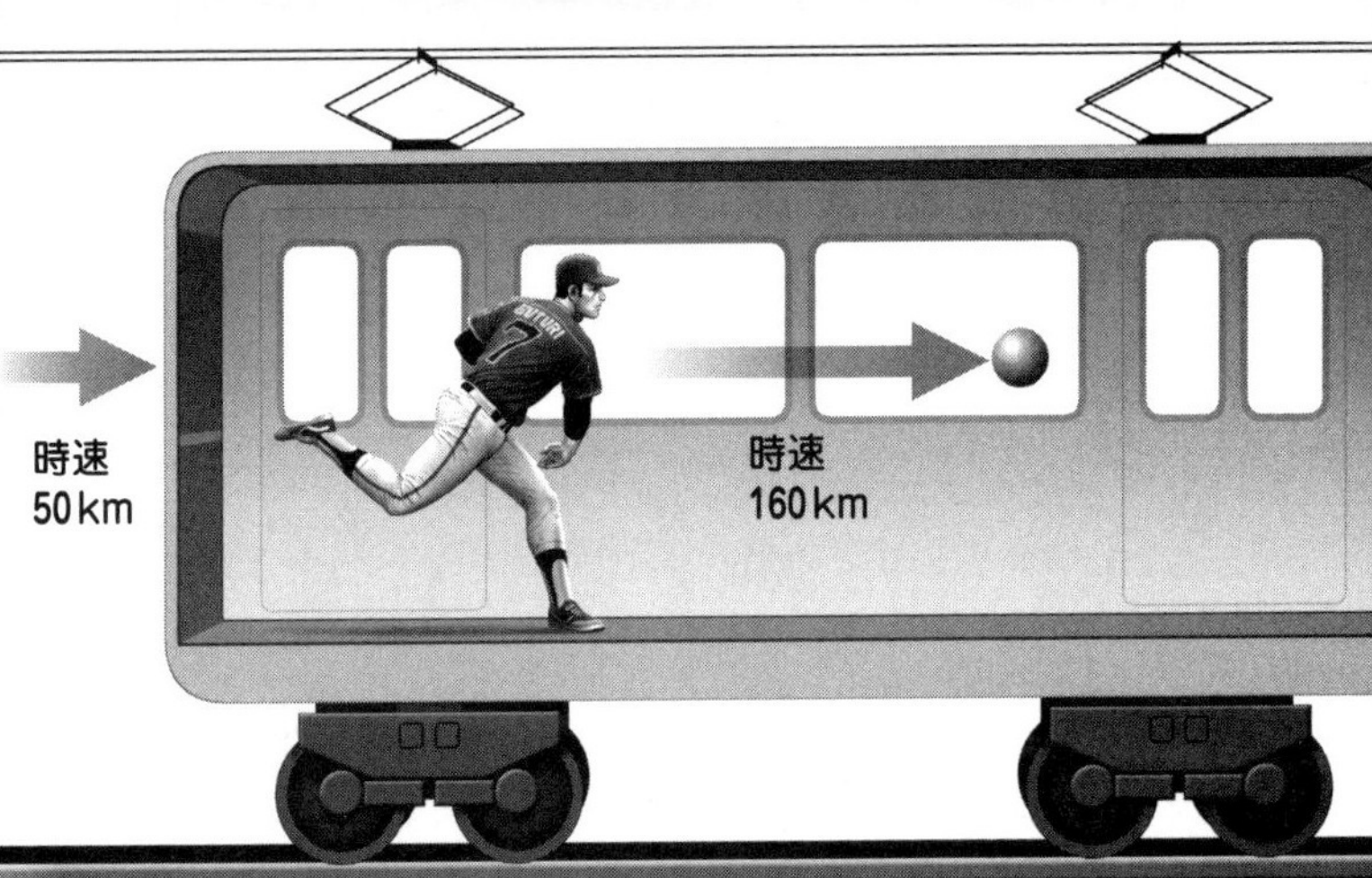

▲時速 50km で等速直線運動している電車内で、進行方向に時速 160km でボールを投げるとき、電車の外の視点からボールを見ると、50＋160 で「時速 210km」に見える。この計算は、「時速 50 キロで等速直線運動する電車内」という「慣性系」での運動を、「電車の外の人が立っている地面」という別の「慣性形」の中に、単純な足し算によって位置づけ直す操作だといえる（ただし、地球の動きは等速「直線」運動ではないので、地面の上は厳密にいうと慣性系ではない）。

（155ページ参照）は、ガリレイ変換すると同じようには成立しなくなる（ガリレイ変換に対して共変ではない）ことがわかったのです。「電磁気学では、相対性原理が壊れるのか」と、科学者たちは頭を抱えました。

また、光の速度という問題も浮上しました。光は、真空中をおよそ**秒速30万キロ**で進みます。今、進んでくる光に向かっていきながら光を見ると、光は「秒速30万キロより速く」見えそうな気がします。逆に光の進む方向に自分も進みながら光を見ると、光は「秒速30万キロより遅く」見えそうな気がします。

しかし実際には、「**どんな運動をしている視点から光を見ても、光の速さは同じ**」という実験結果が出たのです。これも、どう考えればよいのかわからない難題でした。

02

特殊相対性理論をつかむ

「光の速さ」を基準にした斬新な理論

◆ローレンツ変換と光速度不変の法則

❶マクスウェル方程式をガリレイ変換すると、同じ法則が保たれず、相対性原理が壊れるように見える。

❷どんな運動をしている視点から光を見ても、光の速さが同じになる。

このようなふたつの難題を解決したのが、「20世紀最大の物理学者」とも呼ばれることになる、ドイツ出身の**アルベルト・アインシュタイン**（1879〜1955年）です。

彼はまず❶について、「やはり、すべての

▼私たちの日常的な感覚でいうと、秒速30万kmの光を、秒速10万kmの宇宙船で追いかけると、「宇宙船から見た光」は、秒速20万km（30万−10万）の速さに見えるだろうと思われるが、じつはそうはならないことを「特殊相対性理論」は明らかにした。真空中を進む光の速度は、どんな速度で運動する視点から見ても、同じ「秒速30万km」なのである。

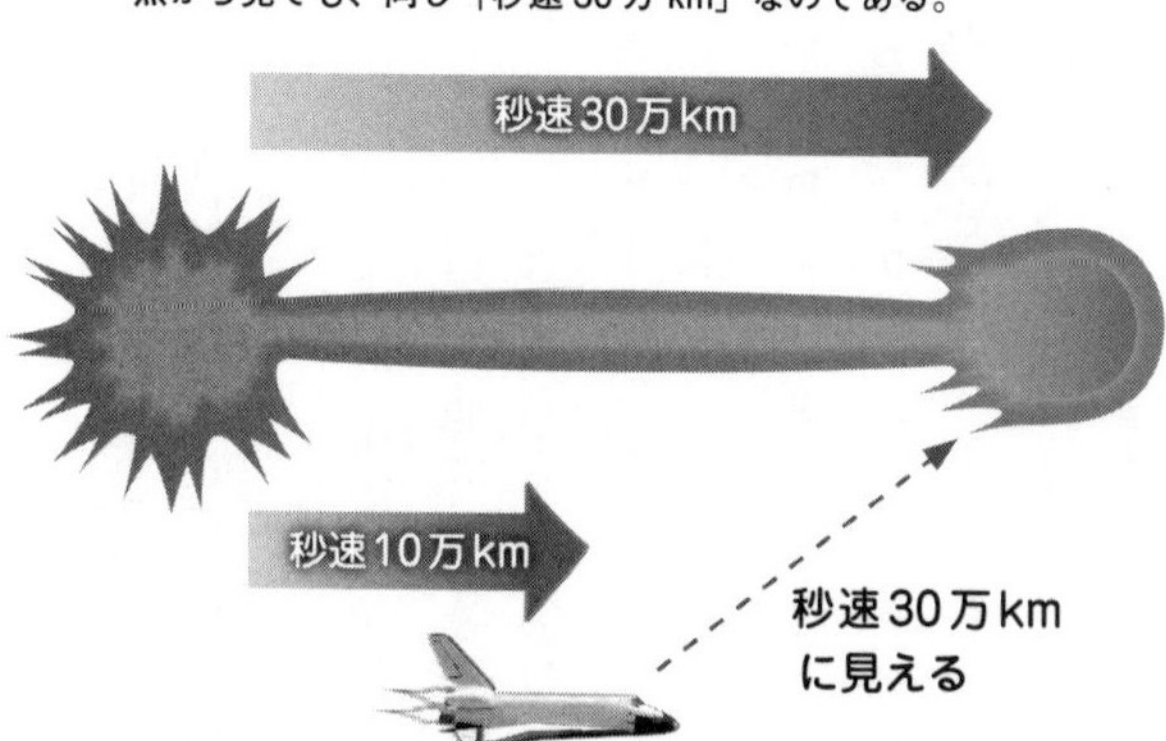

▲アインシュタイン。

慣性系に、同じ物理法則が成り立つべきだ」と考えました。「宇宙の物理法則は普遍的なものであるはずだ」という、強い信念をもっていたからです。

そこで彼は、「問題は、**ガリレイ変換**にあるのではないか」と考えます。そして、ガリレイ変換よりも普遍的な、**ローレンツ変換**という変換方法を、理論の土台に採用したのです。ローレンツ変換の公式は少し難しいのでここでは割愛しますが、電磁気学の**マクスウェル方程式**を保つことができ、しかも力学の法則に関しては、ガリレイ変換とほぼ同じ（より厳密な）結果を出してくれます。

こうして、「ローレンツ変換にもとづく新しい相対性原理」が作られました。これは**特殊相対性原理**と呼ばれます。

また❷については、「実験結果としてはっきりと出ているのだから、**光の速さが一定**だという奇妙なことも、事実として受け入れよう」とアインシュタインは考えました。この原理を**光速度不変の原理**といいます（右図）。

こうしてアインシュタインは、「特殊相対性原理」と「光速度不変の原理」というふたつの「原理」だけを前提にして、1905年、**特殊相対性理論**を構築するのです。

◆時間と空間は「相対的」だった！

特殊相対性理論によれば**光の速さ**（cと

表されます）は、**どんな運動をしている視点から見ても一定**であるだけでなく、**宇宙の最高速度**であり、これを超える速度は存在しません。光の速さは「絶対的なもの」なのです。

ところで普通、「速さ」は「**距離÷時間**」と計算されますが、「距離」とは空間的なものですから、「**速さ＝空間÷時間**」と考えることもできます。

従来、時間と空間は「絶対的なもの」とみなされてきました（180ページ参照）。ですから光の速さについても、「絶対的な時間と空間が基準になり、光はその中を、速さを変えながら動く」と考えられてきました。

しかし特殊相対性理論では、光の速さのほうが「絶対的な基準」とされます。そして逆に、**時間と空間が「相対的なもの」になった**のです。ここでは結論だけ紹介しますが、特殊相対性理論は次のことを明らかにしました。

Ⓐ運動する物体の速度が速いほど、その物体に流れる時間はゆっくりになる。
Ⓑ運動する物体の速度が速いほど、その物体は空間的に縮んで見える。

この「時間の変化」や「空間的な変化」は、私たちが日常で体験する程度の速度では、感知できません。しかし、光速に近い速度では、たしかに時間と空間が大きく変化します。

特殊相対性理論の「相対性」とは、時間と空間の相対性のことだと考えてよいでしょう。**宇宙のあらゆる物体は、それぞれ違った、固有の時間と空間をもつ**のです。

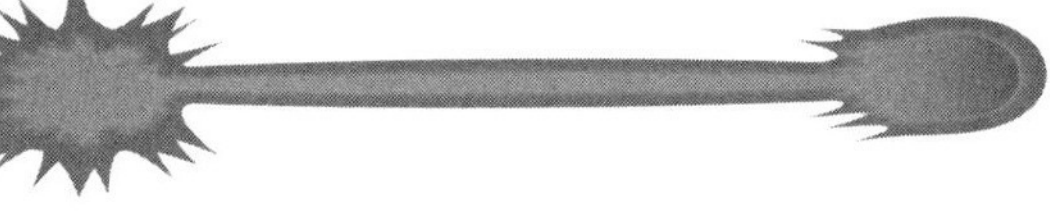

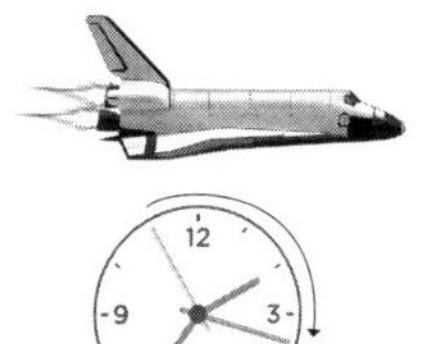

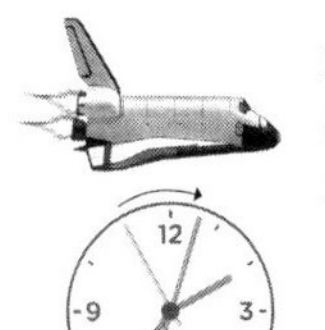

▲光の速さが「絶対的な基準」だと考えると、時間と空間は「相対的なもの」であることがわかる。運動する物体の速度が速いほど、その物体の時間はゆっくりになり、また、その物体は空間的に縮んで見える。

◆4次元の時空

以前は時間と空間は、「互いにまったく関係なく、それぞれ絶対的で客観的なもの」と考えられていましたが、特殊相対性理論によって、いわば同格の、「ともに変化するもの」であることがわかりました。

私たちは普通、空間を**3次元**で感覚します。1次元は1方向にしか広がらない**線**、2次元は「縦」方向と「横」方向に広がる**平面**、3次元は「高さ」方向にも広がる**立体空間**です。

そして、時間が空間と同格なのだとすれば、ここにもう1次元分、「**時間**」**方向の広がり**も考えてよいことになります。

こうして特殊相対性理論以降、時間と空間は、**時空**と総称されるようになりました。

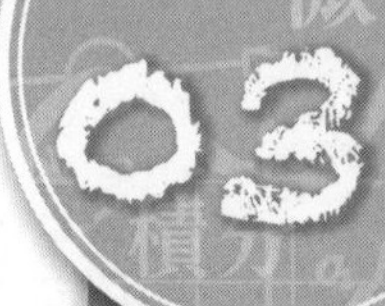

ゆがみのない時空からゆがんだ時空へ

一般相対性理論をつかむ

◆加速と重力を組み込んだ理論

特殊相対性理論は、光と時間と空間についての常識をくつがえしましたが、じつは大きな弱点を抱(かか)えていました。

それは、**重力**と**加速**（速度変化）を扱えないことです。慣性系についての原理から出発したので、等速直線運動という特殊な状況しか、理論に組み込んでいなかったのです。

しかしアインシュタインは、すばらしいひらめきによって、この問題を乗り越えました。「**重力と加速は同じもの**」と考える、**等価原理**(とうかげんり)というアイデアです。

▼宇宙船が宇宙空間で等速直線運動しているとき（左）、宇宙船の内部は無重力状態である。宇宙船が加速するとき（右）、宇宙船の内部では、進行方向と逆向きに力が発生する。この「慣性力」は、原理的に「重力」と同じだとするのが、「等価原理」である。

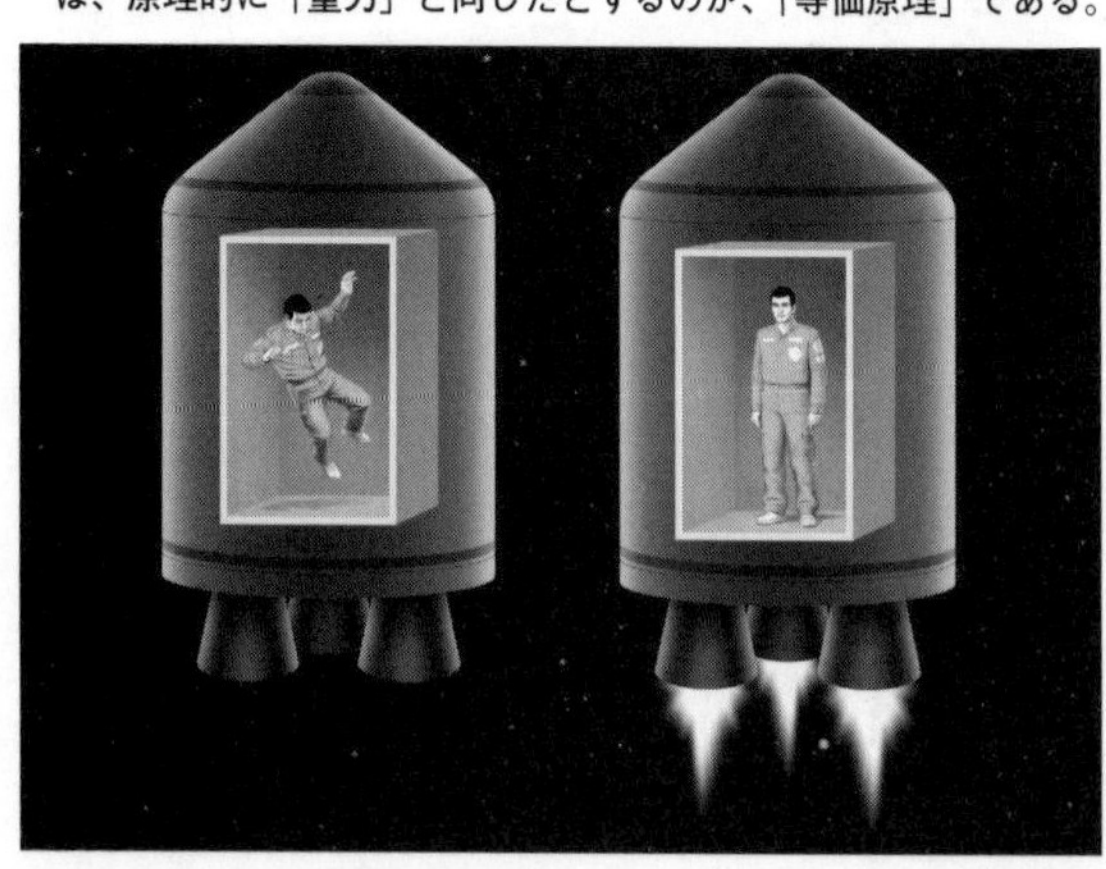

そしてアインシュタインは、特殊相対性理論から10年の時間をかけて、加速と重力をも扱える、より高度で一般的な理論を構築します。それこそが、**一般相対性理論**です。

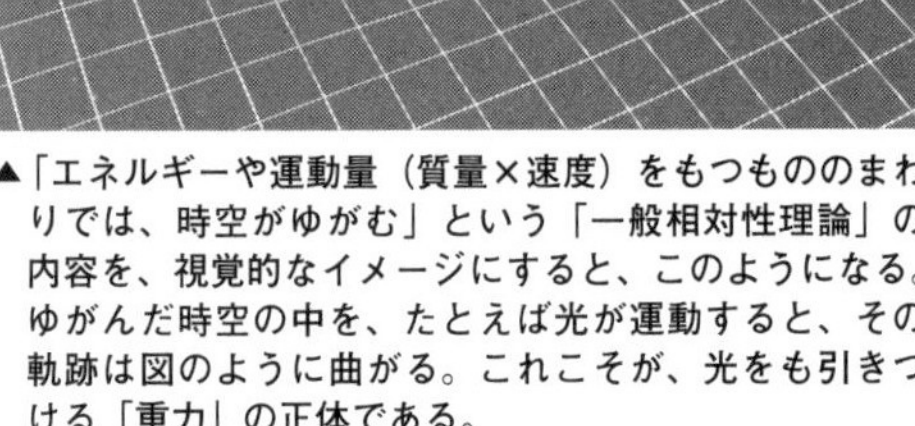

▲「エネルギーや運動量（質量×速度）をもつもののまわりでは、時空がゆがむ」という「一般相対性理論」の内容を、視覚的なイメージにすると、このようになる。ゆがんだ時空の中を、たとえば光が運動すると、その軌跡は図のように曲がる。これこそが、光をも引きつける「重力」の正体である。

◆「重力」とは「時空のゆがみ」

一般相対性理論の内容をひと言でいうと、次のようになります。

「エネルギーや運動量をもつもののまわりでは、時空がゆがむ」

運動量とは「**質量×速度**」のことです（146ページ参照）。ですから、エネルギー、質量、速度といったものが、大きければ大きいほど、時空をゆがませることになります。

「時空がゆがむ」とは、**時間の進み方が変わり**、**空間が曲がる**ことを意味します。空間に置かれたモノが曲がるのではなく、空間という枠組み自体が曲がるのです。

ですから、一般相対性理論の内容は、次のようにも表現できます。

Ⓐエネルギー、質量、速度が大きいものに流れる時間はゆっくりになる。
Ⓑエネルギー、質量、速度が大きいもののまわりの空間は曲がる。

186ページのⒶⒷと似ていますが、時間と空間の変化を（等速直線運動の）「速度」からしかとらえられなかった特殊相対性理論に比べて、より広い（一般的な）視野で**時間と空間の相対性**を理論化しているといえます。

たとえば、大きな質量をもつ星は、まわりの時空を穴のようにゆがませます。その時空に通りかかった物体は、時空の穴に転げ落ちるように、星に引き寄せられます。**この時空のゆがみ**を、私たちは**重力**と呼んでいます。

◆ゆがんだ時空を扱う方法

特殊相対性理論では、時間と空間の相対性を、「時空のゆがみ」とまでは表現できていませんでした。ですから、**特殊相対性理論が扱えるのは、ゆがみのない時空**です。

ゆがみのない時空は、私たちが小学校から高校にかけて学習する**ユークリッド幾何学**の延長線上にあります。

ユークリッド幾何学は、曲がっていない（「**平坦**（へいたん）**な**」と表現します）平面や、それを単純に「高さ」方向に拡張した、曲がっていない空間を前提とします。この空間を、さらに「時間」方向にも拡張すると、ゆがみのない時空になることが想像できます。

そのような「平坦な」時空を、**ミンコフス**

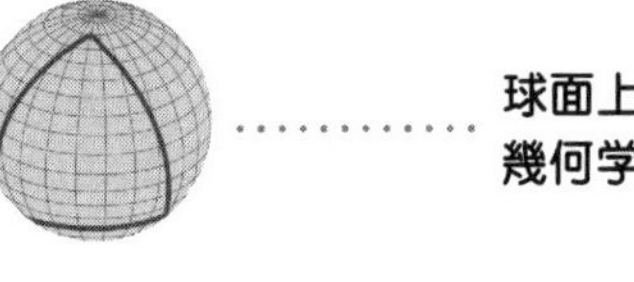

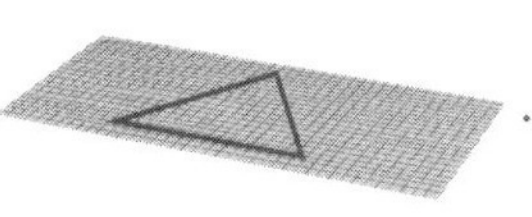

▲古代ギリシアから伝わる「ユークリッド幾何学」は、私たちにとってなじみが深く、イメージもしやすいものだが、「曲がっていない平面（や空間）」を前提にした、「特殊な」幾何学のひとつでしかない。「曲がった面（や空間）」を前提にする「非ユークリッド幾何学」は、19世紀に生まれた。「一般相対性理論」は、「非ユークリッド幾何学」をさらに一般化した「リーマン幾何学」という幾何学の理論に支えられている。

キー時空といいます。特殊相対性理論の想定する時空は、ミンコフスキー時空です。

しかし一般相対性理論は、「ゆがみのない時空は特殊なものであり、一般的には、宇宙の時空はゆがんでいるのだ」ということを明らかにしました。次元をうんと落とすと、特殊相対性理論の「平坦」な時空は「直線」に、一般相対性理論のゆがんだ時空は「曲線」にたとえることが可能です（数学的には、「曲線」の中の特殊なものが「直線」です）。

一般相対性理論の世界では、時間も空間も、複雑な曲線のグラフのように、つねに変化しつづけます。**絶えず変化するもの**を扱う場合、どんな数学的方法を使えばよいでしょうか？

そう、**微分積分**です。一般相対性理論では、微分積分の考え方が重要になってきます。

多様体と相対性理論

ゆがんだものを微分すると「平坦」になる

◆リーマン幾何学と多様体

宇宙の一般的な構造である**ゆがんだ時空**は、ユークリッド幾何学ではとらえられません。「平坦」でないものを扱える理論が必要です。

一般相対性理論を構築するにあたって、**アインシュタイン**が習得して取り入れたのは、19世紀に成立した**リーマン幾何学**という新しい幾何学です。その中でも、相対性理論にとって特に重要な概念として、**多様体**（たようたい）があります。相対性理論では、ゆがんだ時空のあり方が、多様体としてモデル化されます。

多様体の厳密な定義は、専門的で難しいの

▼一般相対性理論は、「リーマン幾何学」の「多様体」という概念を用いて、時空のゆがみを表現する。ここでは「多様体」を、コンペイトウのようなものとしてイメージしてみよう。このコンペイトウ（多様体）が、「宇宙全体の、ゆがんだ時空のあり方」を表していると考えていただきたい。

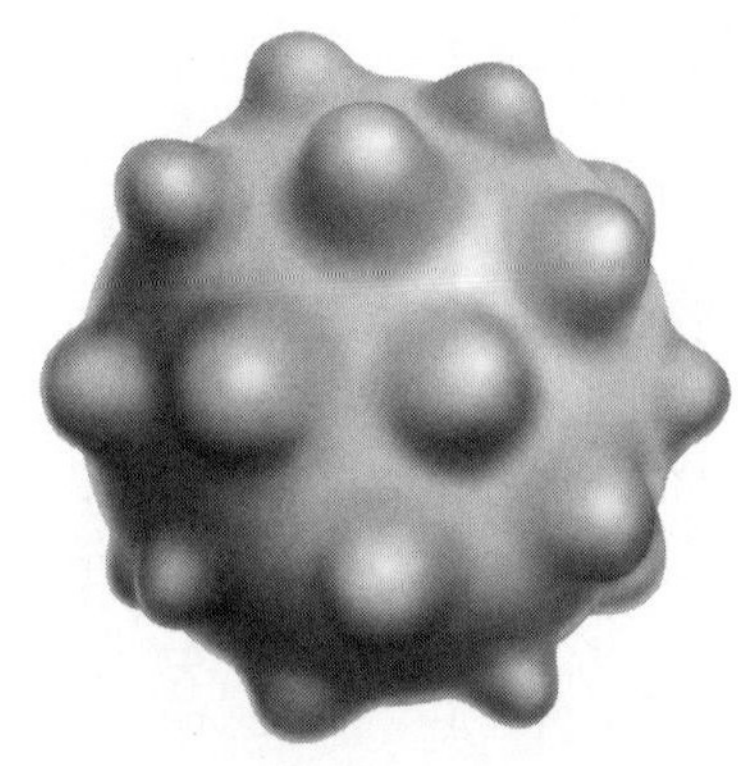

▲私たちが、丸い（球形の）地球の上にいるのに「足もとは平らだ」と感じているのは、自分から見えている範囲が、地球の球面全体に比べると「無限小」といえるほどせまいからである。いわば私たちは、地球の丸みを「微分」して、「自分の足もとで地球に接する平面」をイメージしているのである。私たちが普段、「時空のゆがみ」を感じずに生きているのも、この事情と似ているといえる。

ですが、「ミンコフスキー時空の範囲に収まらないような何か」のことだと考えましょう。そしてここでは、コンペイトウのようなデコボコなものとしてイメージしてみます。

私たちは普段、「自分のまわりの時空はゆがんでいる」とは思っていません。「平坦な」時空に生きていると思い込んでいます。しかしじつは、私たちが生きている時空は、コンペイトウ状の多様体の片隅（かたすみ）です。

◆地球とその「接平面」

これは、丸い地球の上にいる人間が、日常的には「足もとは平らだ」と思い込んでいることと似ています。

球面の上にいるのに「足もとは平らだ」と

感じるのはなぜでしょうか。それは、その人に見えている範囲が、地球（球面）全体に比べると**無限小**ともいえるほどせまいからです。**「無限小の範囲では、曲線と、その接線が一致する」**という**微分**の原理（42ページ参照）を、1次元分くり上げると、「無限小の範囲では、曲がった面と、それに接する平面（**接平面**といいます）が一致する」となります。

私たちはいわば、自分の足もとで地球の丸みを**微分**して、接平面をイメージすることで、「足もとは平らだ」と思い込んでいるのです。

◆多様体とそれに接する時空

さて、一般相対性理論では、ゆがんだ時空のあり方を、非ユークリッド・非ミンコフスキー的な多様体としてモデル化します。

コンペイトウのようなデコボコしたこの多様体を、微分するとどうなるでしょうか。**「無限小の範囲では、ゆがんだ多様体と、それに接する時空が一致する」**と考えればよいのです。多様体に接する時空は、曲がっていない、「平坦な」**ミンコフスキー時空**です。

ミンコフスキー時空は特殊相対性理論の時空、多様体は一般相対性理論の時空です。ですから、**「一般相対性理論の時空を微分すると、特殊相対性理論の時空が出現する」**ということになります。

◆特殊相対性理論と一般相対性理論

宇宙全体を見渡すと、至るところに**エネル**

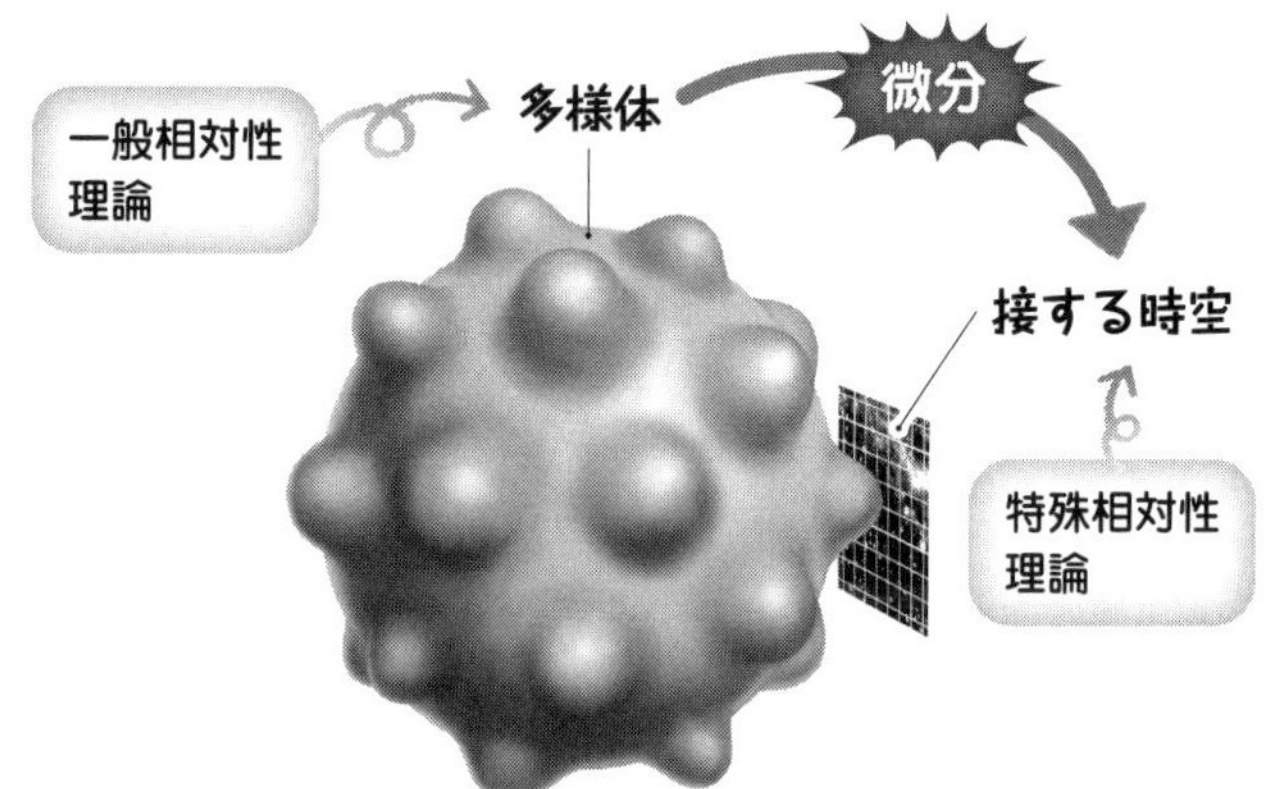

▲一般相対性理論の「多様体」的なゆがんだ時空を「微分」すると、一点でその「多様体」に接する「ミンコフスキー時空」が出現する。この「ミンコフスキー時空」は、特殊相対性理論によって扱うことができる。ちなみに、一般に数学的な「多様体」は微分できるとは限らないが、一般相対性理論で用いられるのは、「微分可能な多様体」である。

ギーや**質量**や**速度**をもつものが存在し、そのまわりで時空がゆがんでいます。

一般相対性理論は、その時空のゆがみを多様体としてとらえることで、宇宙の中のさまざまなもののあり方を扱うことができます。

この多様体を微分すると、局所的に（一点で）多様体に接するミンコフスキー時空が切り出されます。そして、この「平坦な」時空にだけ、特殊相対性理論が通用します。

一般相対性理論が扱う多様体を微分すると、特殊相対性理論で扱えるような「平坦な」時空が現れるわけです。イメージ的にいうと、ゆがんだ時空のあり方を微分して「平坦な」時空を作り出さなければ使えないのが特殊相対性理論であり、ゆがんだままの時空を相手取るのが一般相対性理論だといえます。

05

重力場方程式と測地線方程式

一般相対性理論の中核にある微分方程式

◆アインシュタイン方程式

一般相対性理論の中核にあるのが、**アインシュタイン方程式**です（下図）。足し算と引き算とかけ算だけの単純な形に見えますが、ここには複数の成分をまとめた関数である**テンソル**というものが使われています。これを分解すると、10本の方程式に分かれます。

アインシュタイン方程式の右辺は、**エネルギー**と**運動量**（**質量×速度**）を表します。

左辺には、**曲率**（きょくりつ）と**計量**（けいりょう）というものが入っています。**時空のゆがみ具合**を、それぞれ違った観点から示すものだと思ってください。

▼一般相対性理論の「重力場方程式」。時空のゆがみを表す「計量」というものに関する微分方程式になっている。この式は「エネルギーや質量や速度が、時空のゆがみを生む」ことを表現しており、イメージとして表すと、189 ページの図のようになる。

$$R_{\mu\nu}-\frac{1}{2}Rg_{\mu\nu}+\Lambda g_{\mu\nu}=\frac{8\pi G}{c^4}T_{\mu\nu}$$

$R_{\mu\nu}$：曲率テンソル

R：スカラー曲率

$g_{\mu\nu}$：計量テンソル

Λ：宇宙定数

$\Lambda g_{\mu\nu}$：時空がもつ斥力または引力

π：円周率

G：重力定数

c：光速

$T_{\mu\nu}$：エネルギー・運動量テンソル

左辺は時空のゆがみにかかわる

右辺はエネルギーや質量や速度にかかわる

そして曲率は、計量の**微分**を用いた形で表現することができます。ですからアインシュタイン方程式は、「計量に関する**微分方程式**」だといえます。この方程式を解くと、計量（時空のゆがみ）を表す関数が得られます。

アインシュタイン方程式は、「物体のエネルギーや速度や質量（右辺）がわかれば、そのまわりでどれだけ時空がゆがんでいるか（計量）がわかる」ということを意味します。

時空のゆがみ具合とは、すなわち**重力**です。**場の理論**（155ページ参照）からいうと、物体が存在することによって、空間に「ゆがみ」という性質が生まれ、その空間にあるものに「重力」として影響を与えるのです。ですからアインシュタイン方程式は、**重力場方程式**とも呼ばれます。

◆ゆがんだ時空の運動方程式

一般相対性理論にはもうひとつ、**測地線方程式**という重要な方程式があります。ゆがんだ時空における**ある点から別の点までの最短経路**（**測地線**といいます）を表現する式です。

アインシュタイン方程式から得られた計量を、測地線方程式に代入すると、ゆがんだ時空での物体の運動を計算することができます。測地線方程式は、**ゆがんだ時空の運動方程式**として機能するのです。

ちなみに、測地線の考え方は、**解析力学**の**経路**の考え方（149ページ参照）と基本的に同じです。ですから測地線方程式は、微分を応用した考え方である**変分法**（152ページ参照）から（も）導き出すことができます。

微分方程式の解から存在が予想された 重力の穴 ブラックホール

◆ブラックホールの発見

一般相対性理論の**重力場方程式**は、「大きな質量をもつ物体のまわりでは、時空がゆがむ」ことを示しています。「大きな質量をもつ物体」の代表は、**天体**（星）でしょう。

非常に質量が大きく、しかも小さい天体のまわりの時空は、深い穴の底のようになります。これこそ、光をも吸い込む宇宙の穴、**ブラックホール**の正体です。

ブラックホールを理論的に発見したのは、ドイツの天体物理学者**カール・シュヴァルツシルト**（1873～1916年）です。彼は

▼ブラックホールの姿をとらえるプロジェクト「イベント・ホライズン・テレスコープ」が、2019年4月に公開したブラックホールの写真。（写真：The Event Horizon Telescope）

▲シュヴァルツシルト。

1916年、一般相対性理論の発表直後に重力場方程式に取り組み、アインシュタインも予測しなかった解を見つけました。**微分**を用いて表現されたその**シュヴァルツシルト解**は、「光さえも逃がさない天体」を意味するものでした。ブラックホールは、重力場方程式という**微分方程式の解として、初めて存在を予想された**のです。

理論的にありうるとはいえ、そんな天体が本当に存在するとは、当初はだれも信じていませんでした。しかし、次第に存在の証拠が見つかり、2019年にはついに、**ブラックホールの写真**が撮影され、公開されました。

◆ブラックホールの構造

計算によると、ブラックホールの中心は、「**大きさが無限小で密度が無限大**」というありえない点（**特異点**）になります。

この点を中心とする時空のゆがみは、重力そのものとして、近くにあるものを吸い寄せます。ある程度中心に近くなると、宇宙の最高速度である**光速**でさえ、重力に勝てず、逃げられなくなります。光速でも脱出できなくなる境界は**事象の地平線**と呼ばれ、ブラックホールの中心から事象の地平線までの距離は、**シュヴァルツシルト半径**といいます。

なお2020年6月には、「ブラックホールには事象の地平線がないのではないか」という、まったく新しい学説も発表されました。

微分方程式には宇宙の膨張も秘められていた

宇宙はどこへ向かうのか

◆宇宙の膨張が明らかに

1922年、ロシア（ソビエト連邦）の物理学者・数学者**アレクサンドル・フリードマン**（1888〜1925年）は、一般相対性理論の**重力場方程式**を解くことで、**フリードマン方程式**と呼ばれる式を導き出しました。

これは、**宇宙が膨張している**ことを示す**微分方程式**でした。

「宇宙は広がりつづけている」ということが、数学的に明らかになったのです。

▲フリードマン。

また1927年頃から、ベルギーの天文学者**ジョルジュ・ルメートル**（1894〜1966年）も、相対性理論にもとづいて「宇宙はもともと、たった1個の小さな原子だったが、それが膨張して大きくなった」との説を発表しました。

▲ルメートル。

相対性理論の提唱者である**アインシュタイン**は、「宇宙は永久不変のものだ」と考えていたので、当初、フリードマンやルメートルの説を否定しようとしました。

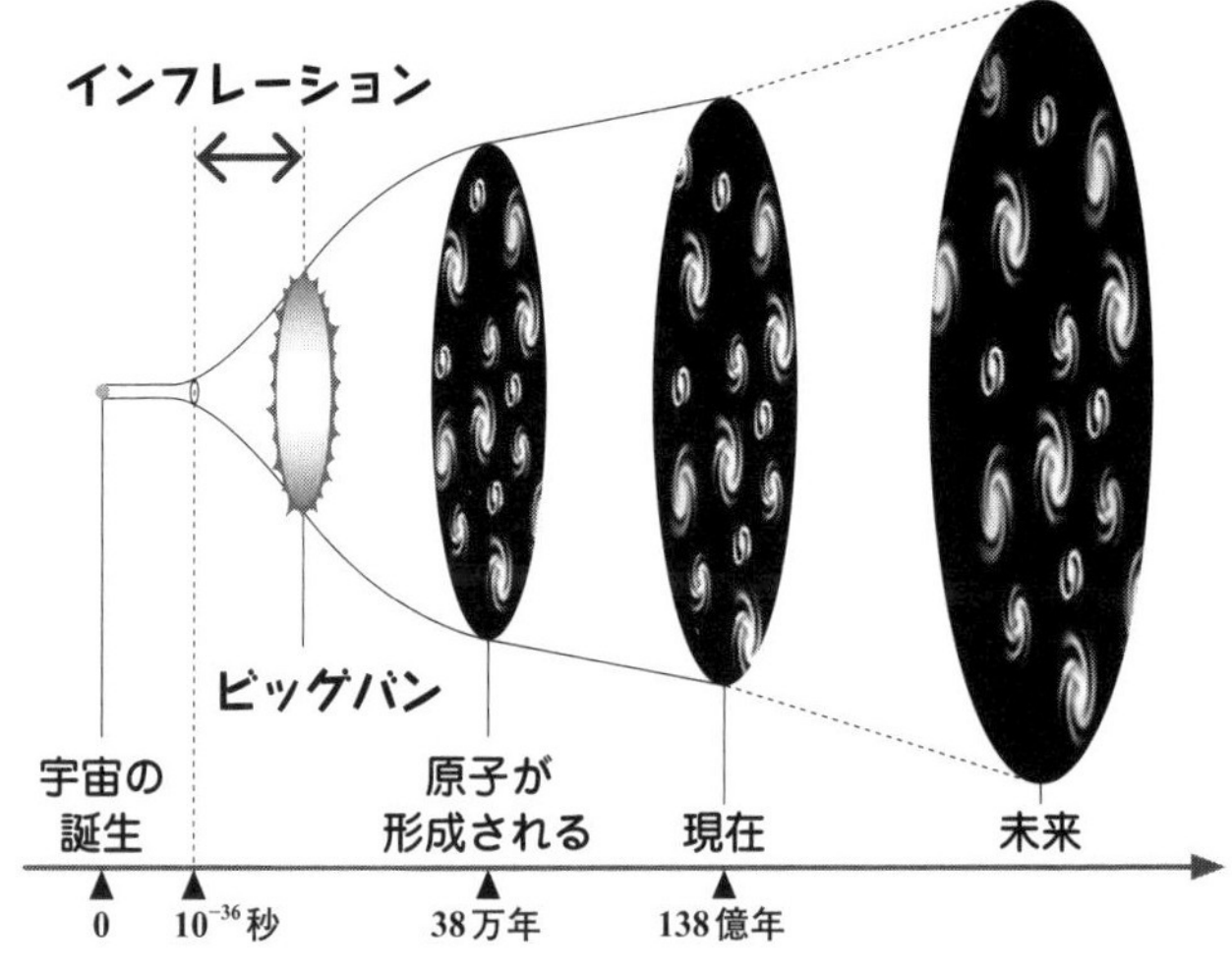

▲宇宙の膨張の歴史。宇宙が膨張する速度は変化しており、現在、宇宙は加速膨張しているとされる。

しかし1929年、アメリカの天文学者**エドウィン・ハッブル**（1889～1953年）が、宇宙の膨張を裏づける観測データを発表します。これを受けてアインシュタインも、宇宙の膨張を認めるようになりました。

▲ハッブル。

◆宇宙はどのように始まったのか

宇宙が膨張しているのならば、「膨張する前は、宇宙は小さかった」ということになります。現代の宇宙物理学は、**宇宙の始まり**を次のように説明しています。

まず最初に、無限小ともいえるようなサイ

ズの宇宙が、何らかの理由で生まれました。するとすぐに、**インフレーション**と呼ばれる超短時間のすさまじい加速膨張が起こり、宇宙は目に見えるくらいのサイズになります。

このとき、膨大な熱エネルギーが発生し、宇宙を超高温にします。この火の玉宇宙がさらに爆発的に膨張するのが、「宇宙の始まり」として有名な**ビッグバン**です。

宇宙は膨張とともに冷え、**原子**（げんし）（208ページ参照）が形成され、物質が生まれるようになります。そして天体が出現するのです。

◆フリードマンモデル

さて、宇宙はこれからどうなっていくのでしょうか。フリードマンは、自分が一般相対性理論から導出した微分方程式にもとづいて、「宇宙にどれだけの密度で物質が存在するか」によって時空のゆがみ具合が変わり、宇宙の形が3パターンに分かれることを示しました。

それらの宇宙モデルを、**フリードマンモデル**といいます。3つのモデルは、膨張の仕方も違うとされます。

◆閉じた宇宙・開いた宇宙・平坦な宇宙

物質の量が多く密度が高いと、時空のゆがみ具合を表す**曲率**（196ページ参照）という数値はプラスになります。このような宇宙は、**閉じた宇宙**と呼ばれます。

閉じた宇宙は最初は膨張しますが、やがて**ビッグストップ**と呼ばれる時点で収縮（しゅうしゅく）に転じ、

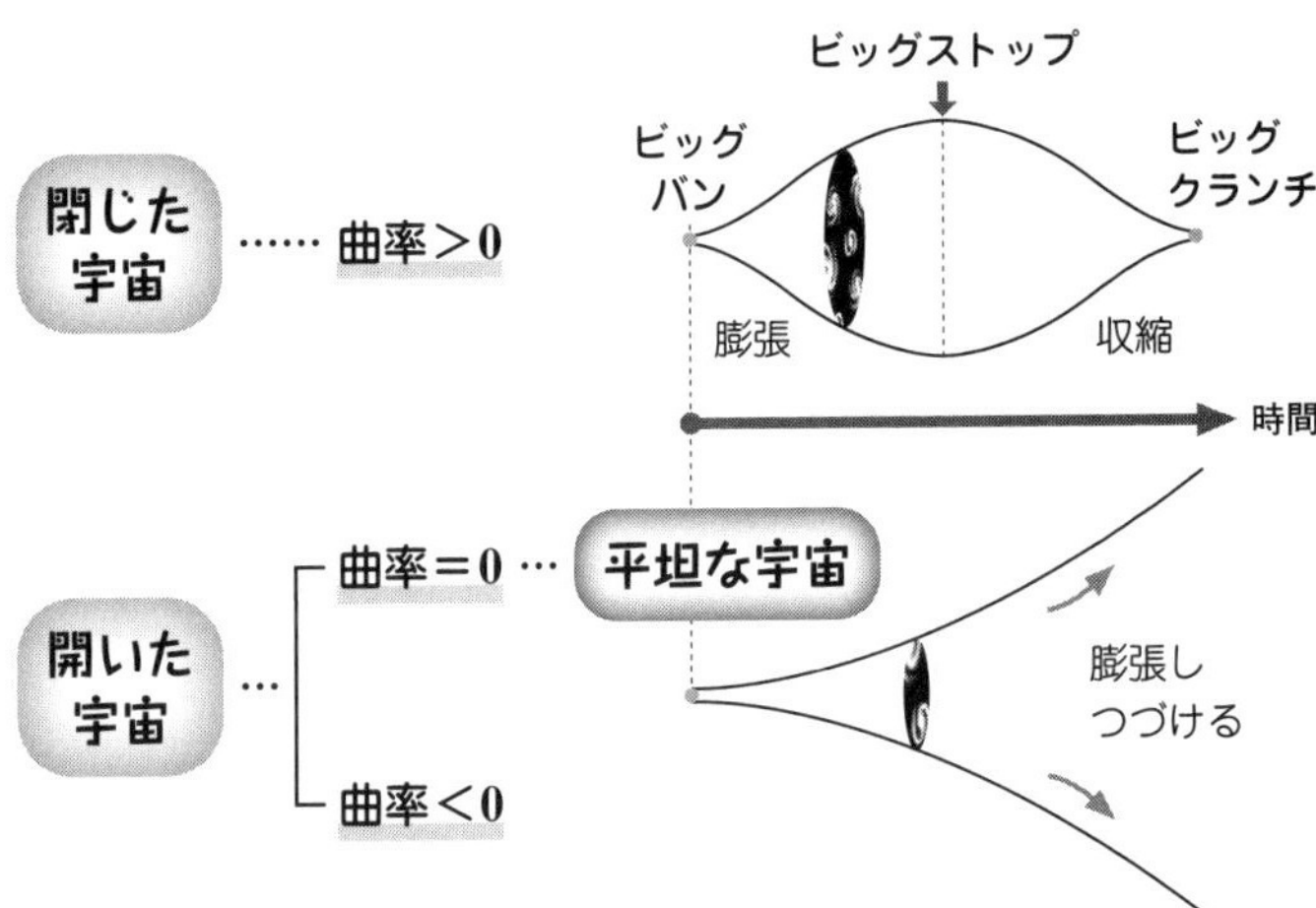

▲宇宙に関する「フリードマンモデル」には、曲率がプラスの「閉じた宇宙」、曲率がゼロの「平坦な宇宙」、曲率がマイナスの「開いた宇宙」がある。「平坦な宇宙」は、「開いた宇宙」の特殊な形ともみなされる。私たちの宇宙は、「ほとんど平坦な宇宙」だと考えられている。

最終的にはひとつの極小の点へと戻ってしまいます。これをビッグバンと対比して**ビッグクランチ**（**大収縮**）といいます。

逆に、物質の量が少なく密度が低いと、曲率がマイナスの**開いた宇宙**になり、宇宙は永遠に膨張しつづけます。

この場合、最終的には、宇宙は冷え切って「新しいものが何も生まれない状態」になる（**宇宙の熱的死**）とも、物質を結びつける力がはたらかなくなってすべてがバラバラになる（**ビッグリップ**）ともいわれています。

開いた宇宙の中でも、「宇宙が膨張しつづけるのにギリギリ」な量の物質が存在し、**曲率がゼロ**の場合を、**平坦な宇宙**と呼びます。

現在のところ、**私たちの宇宙は開いており、ほとんど平坦であるという説が有力**です。

アインシュタインの天才ぶり

ここまで見てきたように、**相対性理論**は、宇宙を物理学的にとらえようとするとき、なくてはならないツールです。そして相対性理論には、**微分積分**の考え方がさまざまな形で用いられています。ですから、微分積分は、人間が宇宙と向き合うためにも、必要不可欠なものだといえるでしょう。

相対性理論をひとりで作り出した**アインシュタイン**は、幼い頃は知的発達を心配されるようなマイペースな子どもだったようですが、やがて数学と物理に目覚め、16歳くらいまでには、微分積分を独学でマスターしたとされます。

アインシュタインは、1921年度の**ノーベル物理学賞**を受賞します。ところが意外なことに、授賞理由には相対性理論は挙げられませんでした。相対性理論は難解で、認めていない研究者も当時は少なくなかったのです。

受賞理由として特に取り上げられたのは、**光電効果**の研究です。光電効果とは、「金属の表面に**電磁波**（158ページ参照）を照射すると、金属から電子が飛び出す現象」で、アインシュタインはここから、「電磁波、つまり**光**は、**粒子**である」と看破しました。

波であるはずの光が、粒子でもあるという彼の論（**光量子論**）は、**量子論**の最初期における大発見のひとつです。天才アインシュタインは、相対性理論だけでなく、量子論を作った科学者（のひとり）でもあるのです。

第8章 微分積分が支える量子論

エネルギーや物質には超ミクロの「最小単位」がある

量子論のイメージをつかむ

◆量子論の誕生

この章では、**相対性理論**と並んで「現代の物理学の二大理論」と呼ばれる**量子論**と、**微分積分**との関係を紹介します。

まずは、量子論のイメージをつかむために、物理学に革命を起こしたこの理論の誕生を見てみましょう。そこでは、相対性理論でもポイントになった**光**が、重要な役割を演じます。

光は**エネルギー**をもちます。たとえば、つまみをひねって明るさを調整する照明器具があり、これを明るくしていくと、光のエネルギーも増加すると考えてください。

このとき、つまみをなめらかに回していくと、光のエネルギーもなめらかに変化するように、日常的な感覚では思われます。物理学的にも、光のエネルギーは**連続**（71ページ参照）的に変化すると考えられていました。

しかし1900年、ドイツの物理学者**マックス・プランク**（1858～1947年）の**量子仮説**（りょうしかせつ）が、この常識をひっくり返します。

▲プランク。

じつは光のエネルギーは連続的ではなく、**離散**（70ページ参照）的に変化していたのです。

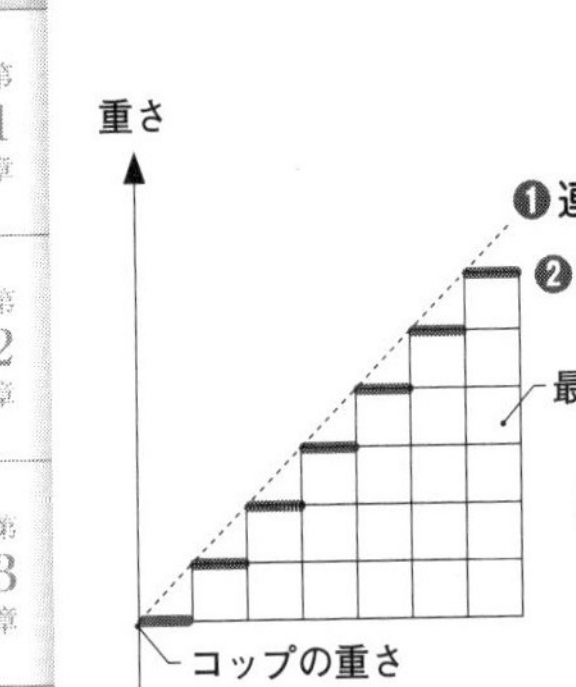

❶ 水をなめらかに注ぐ

❷ 氷をひとつずつ入れる

▲❶コップに水を一定の割合でなめらかに注ぐとき、重さは「連続」的に増加し、そのグラフはつながった線になる。❷「最小単位」となるような氷を、1個ずつコップに入れていくとき、重さは「離散」的に増加し、そのグラフは飛び飛びの階段状になる。「物質やエネルギーには最小単位がある」ということを明らかにした量子論は、❷のようにイメージすることができる。

◆「量子」とは「最小単位」のこと

「離散」ということの復習も兼ねて、たとえを用いてイメージしましょう。はかりに載ったコップがあって、このコップに何かを入れていき、重さの変化をグラフに表すとします。

❶水を連続的に流し込む場合、重さの変化も連続的で、グラフはスロープ状になります。

❷1個10グラムの氷のかたまりをたくさん用意し、この「最小単位」をひとつずつ入れていく場合、重さは10グラムの間隔で離散的に変化し、グラフは階段状になります。

さて、光のエネルギーの変化は、❷のようになっていました。「それならば、光のエネルギー（のやり取り）にも**最小単位**があるはずだ」というのが、プランクの発見です。

この「最小単位」のことを、**量子**といいます。

そして、光のエネルギーだけでなく、**光自体が量子になっている**ことを明らかにしたのが、1905年に発表された**アインシュタインの光量子論**（204ページ参照）です。

「エネルギーや物質は、じつは非常に小さい最小単位（量子）からできており、そのため離散的に変化する」というのが、量子論の基本です。その離散的な変化が、日常的な感覚からすると連続的にしか見えないのは、単に**最小単位がとんでもなく小さいから**です。

◆量子論のサイズ

私たちの身のまわりの物質を細かく分割していくと、肉眼では見ることもできない**分子**に分けられ、分子はさらに小さい**原子**に、原子は**原子核**と**電子**に分けられます。

量子論は、ほぼ原子以下のサイズの世界を扱います。人間が日常的には経験できない、超ミクロサイズの世界の理論なのです。

しかし、ただ「小さい」というだけなら、わざわざ新しい「量子論」などと名前をつけて新しい理論を作る必要はなかったでしょう。

じつは、超ミクロサイズの世界では、目に見えるサイズ（マクロ）の世界の常識からは考えられないような現象が起きています。

量子の世界ならではの**奇妙な物理法則**があり、**ニュートン力学**のような**古典物理学**の法則は通用しません。だからこそ量子論が必要になるのです。では、その「奇妙な物理法則」とは、どのようなものでしょうか？

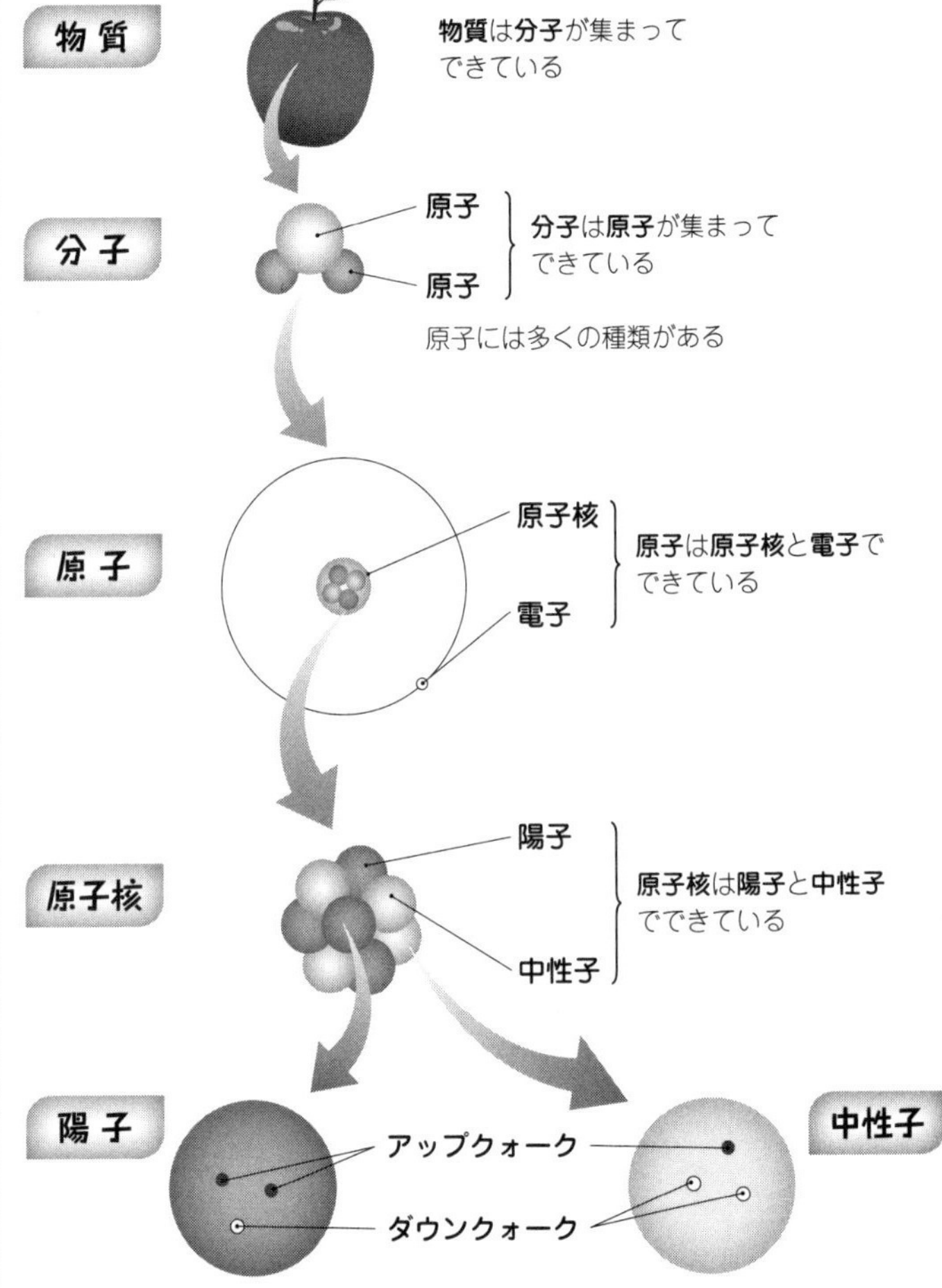

▲私たちのまわりにある物質を分割して、「それ以上は分けられない最小単位」を探っていこう。物質は「分子」に、分子は「原子」に分けられる。原子はまだ「最小単位」ではなく、「原子核」と「電子」によって構成されている。原子核は「陽子」と「中性子」に分けられ、陽子と中性子は、「アップクォーク」と「ダウンクォーク」が組み合わさってできている。これらのうち、電子、アップクォーク、ダウンクォークは、「それ以上は分けられない最小単位」である「素粒子」だと考えられている。量子論は、ほぼ原子以下のサイズを扱う理論である。

古典物理学ではとらえられないふたつの不思議

超ミクロ世界の奇妙なルール

◆波と粒子の二面性

19世紀後半、光が**電磁波**という**波**であることがわかりました（158ページ参照）。しかし20世紀に入ると、**アインシュタイン**の**光量子論**によって、光が**粒子**であることが明らかになりました（204ページ参照）。

これらは矛盾(むじゅん)しているように見えますが、じつは**どちらも正しい**のです。そしてこの**波と粒子の二面性**は、光だけではなく、たとえば**電子**などにも見られます。量子サイズのものは、**波としてふるまうこともあれば、粒子としてふるまうこともある**のです。

◆状態の重ね合わせ

これだけでも不思議ですが、量子の世界にはもうひとつ、奇妙な物理法則(ルール)があります。「**ひとつのものが、同時に複数の場所に存在できる**」という、**状態の重ね合わせ**です。

マクロなサイズの世界で、「ふたを閉めたあとに、真ん中に仕切りを入れられる箱」を用意します。これにボールを入れてふたをし、箱を振ってから、仕切りを入れます。当然、ボールは仕切りの右側か左側かのどちらかにあります。そしてふたを開ければ、「もともとどちらにあったか」を知ることができます。

《観測する前》

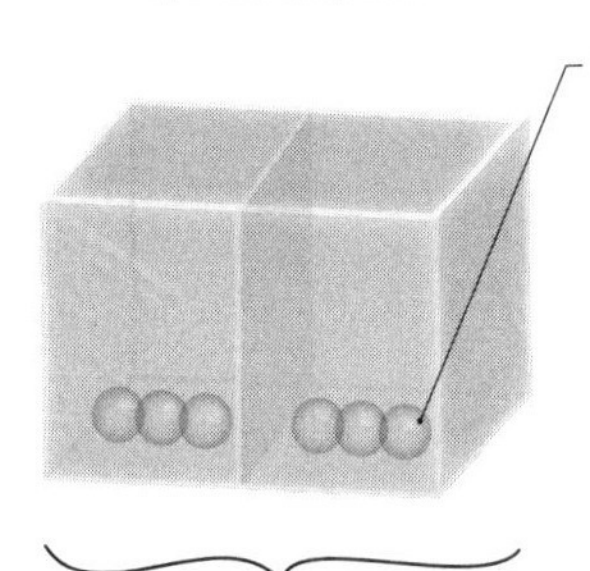

さまざまな位置にある状態が
確率的に重ね合わさっている

《観測したとき》

「もともとここにあったことが
わかった」というわけではない

▲**マクロなスケールで箱にボールを入れると、観測されていないときでも、ボールはある瞬間には必ず「どこかひとつの位置」に存在し、ほかの位置には存在しない。しかし、超ミクロの世界で電子を箱に入れると、観測されていないときの電子は、まるで分身のように、「さまざまな位置にある状態が、確率的に重ね合わさっている」と考えられる。これを「状態の重ね合わせ」という。ふたが開いて観測されたときに初めて、電子の位置が１点に確定する。**

次に、「量子サイズで同じような箱を用意し、そこに電子を入れる」という実験を考えてみます。驚くべきことに、量子論によれば、箱の中に入った電子は、**箱の中のあらゆる場所に同時に存在する**としか解釈できないような動きをします。「Ａ地点にある状態がａパーセント、Ｂ地点にある状態がｂパーセント……（以下省略）」というふうに、**確率的に重ね合わさっている**のです。

これは、「観測できないから、いろいろな可能性が考えられる」ということではありません。「ふたを開けて観測される前は、電子はさまざまな場所に存在する」と考えなければ説明できないような実験結果が出てしまうのです。超ミクロの世界では、「ものの存在の仕方」すら常識はずれであるようです。

量子世界の物理を微分・方程式でとらえる

シュレーディンガー方程式

◆ハイゼンベルクらの行列力学

いろいろな奇妙な現象が見られる超ミクロの世界を扱う量子論は、20世紀初頭、多くの成果をあげました。1920年代半ばになると、「量子の世界の法則を、力学として体系的に理論化しよう」という学問、**量子力学**が成立してきます。この量子力学には、ふたつの異なる方向性が生まれました。

ひとつは、ドイツの物理学者**ヴェルナー・ハイゼン**

▲ハイゼンベルク。

▼「行列」の計算の仕方。かけ算は独特の手順で計算するため、かける順番が変わると答えも変わる。

行列 $A=\begin{pmatrix} a & b \\ c & d \end{pmatrix}$, $B=\begin{pmatrix} x & y \\ z & w \end{pmatrix}$ のとき,

$$A+B=\begin{pmatrix} a+x & b+y \\ c+z & d+w \end{pmatrix}$$

$$AB=\begin{pmatrix} ax+bz & ay+bw \\ cx+dz & cy+dw \end{pmatrix}$$

$$BA=\begin{pmatrix} ax+cy & bx+dy \\ az+cw & bz+dw \end{pmatrix}$$

かける順番によって答えが変わる

ベルク（1901〜1976年）が中心となって作り出した**行列力学**です。そこには、**行列**という数学的方法が利用されています。

ここは微分積分と直接は関係しないので、簡単な紹介にとどめますが、私たちが普段行うかけ算では、「A×B＝B×A」（かける順番を入れ替えても、答えは変わらない）という**交換法則**が成り立ちます（たとえば「2×3」と「3×2」は同じ「6」になります）。

ところが**行列では、「A×B」と「B×A」の値が異なります**。この性質が、量子世界の奇妙な法則を表すために必要とされたのです。

行列力学は、量子の物理学に数学的な基礎を与える、すぐれた理論でした。しかし、その計算はあまりに難しく、トップレベルの物理学者たちでも使いこなせないほどでした。

◆シュレーディンガーの波動力学

そんなとき、量子力学のもうひとつの方向性が現れました。オーストリア出身の物理学者**エルヴィン・シュレーディンガー**（1887〜1961年）が創始した**波動力学**です。

シュレーディンガーは「**粒子であるはずの電子が、波としてふるまう**」（210ページ参照）という事実に注目します。波は従来、**波動方程式**という形の方程式に表されてきました。そこで彼は、「**電子の波を表現する波動方程式**を見つけなければ」と考えたのです。

▲シュレーディンガー。

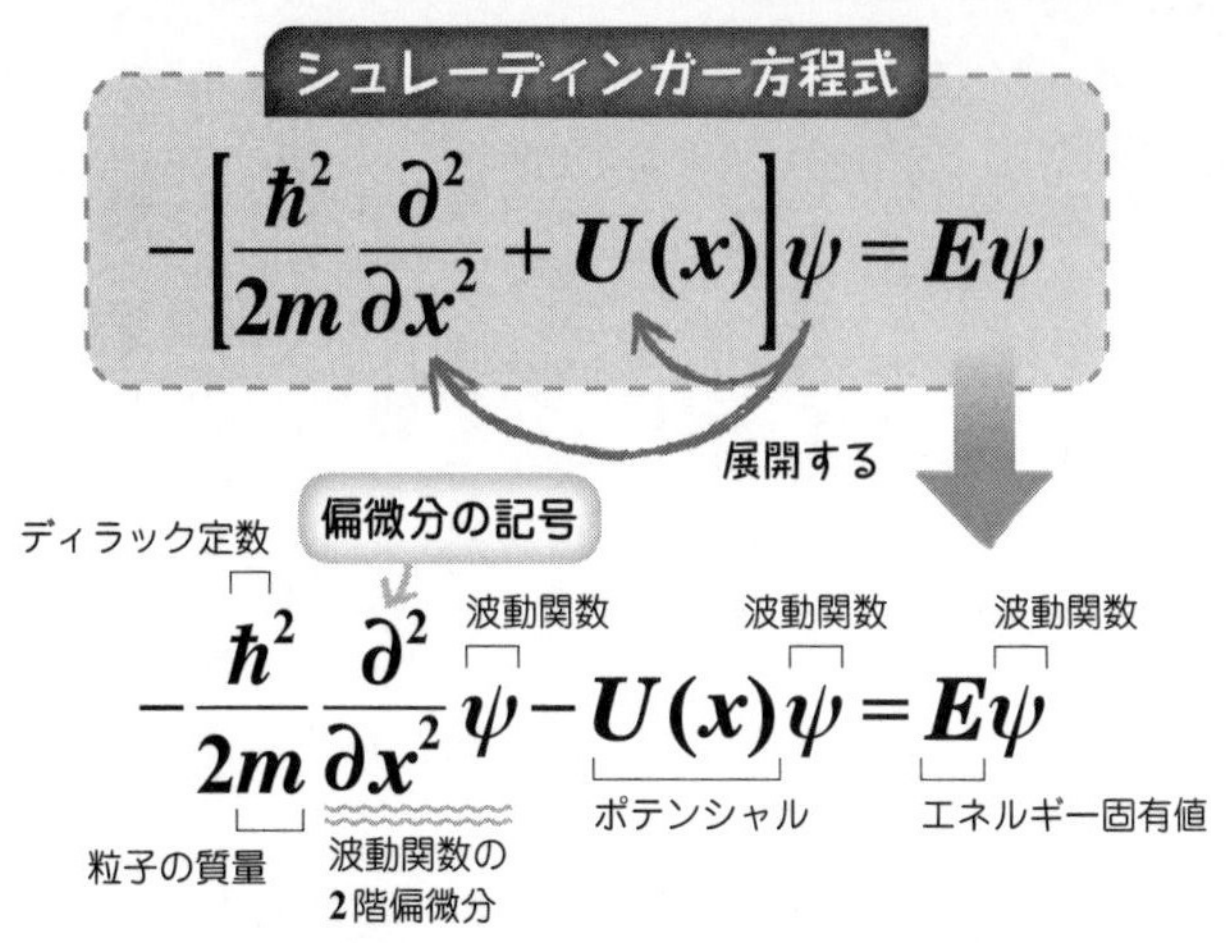

▲「シュレーディンガー方程式」。ここでは、この方程式が「波動関数 ψ」の微分を含んだ微分方程式になっていることだけ、理解していただければ大丈夫である。一般に、微分方程式を解けば、関数がわかる（137ページ参照）。この「シュレーディンガー方程式」を解くと、「電子の波」を表す関数 ψ が得られる。

こうして作られたのが**シュレーディンガー方程式**です。そこでは、電子の波としてのふるまいがψ（**プサイ**）という関数で表現されており、この関数は**波動関数**と呼ばれます。

一般に、波動方程式は**微分方程式**であり、シュレーディンガー方程式も、「電子の波」が満たすべき微分方程式です。これを解けば「電子の波」の形や変化がわかります。

物理学者にとって、微分方程式は慣れ親しんだ数学的ツールです。不慣れで複雑な行列の計算よりも波動方程式のほうが、ずっと扱いが簡単でした。シュレーディンガー方程式は、世界中の物理学者から歓迎されます。

しかし、この方程式には謎もありました。波動関数ψが表す「電子の波」です。これはいったい、何なのでしょうか？

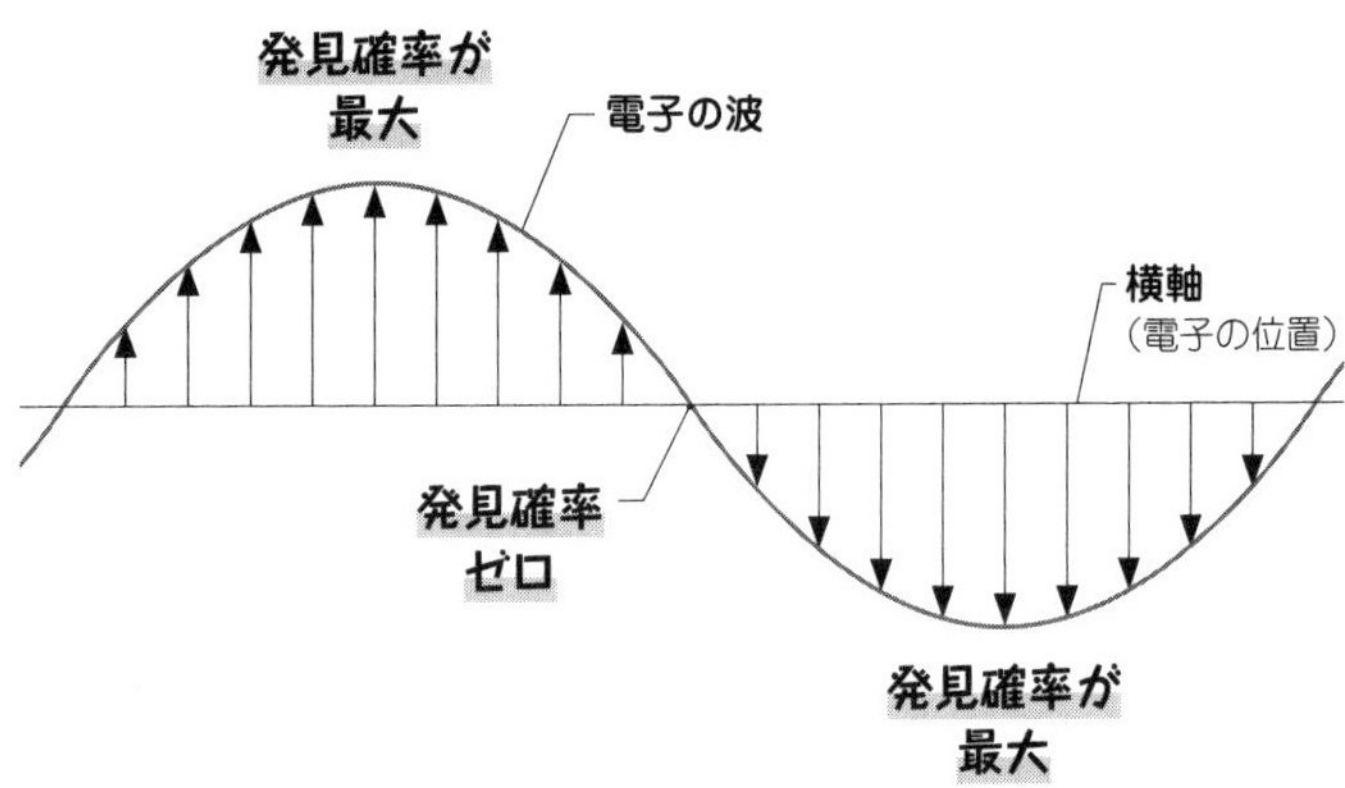

▲「波動関数が表す電子の波は、電子の発見確率と関係している」ということを、あくまでイメージ的に示した図。波打った形のグラフは、「波動関数 ψ」を表していると考えよう。横軸は「位置」を表しており、「ある位置で、グラフがどれだけ横軸から離れているか」（振動の大きさ）は、「観測したとき、その位置で電子が発見される確率」を示す。ただし正確にいうと、「波動関数 ψ」の「絶対値」を取って２乗した値が、電子の発見確率に比例する。

◆波動関数の確率解釈

波動関数に関して、ドイツ出身の物理学者**マックス・ボルン**（1882～1970年）は、「**電子の波は、電子の発見確率**と関係している」という**確率解釈**を提唱しました。

波動関数は**複素数**（64ページ参照）を含んでおり、「何かが振動している具体的な波」として物理的に解釈することが難しいものでした。そこでボルンは、「具体的に何が振動しているのか？」と考えるのをやめ、「波動関数は、**その場所で電子が発見される確率**（211ページ参照）とかかわる、**数学的で抽象的な波**である」と説いたのです。

この解釈は、実験結果とよく一致するため、現在、最も広く受け入れられています。

正準交換関係と経路積分

古典物理学と量子論をつなぐふたつの方法

◆古典論と「量子化」

古典物理学（**古典論**）では、物体の運動を正しく表現する微分方程式を立てられれば、「ある瞬間に、その物体がどの位置にあるか」などを、正確に特定できるとされていました（137ページ、141ページ参照）。

しかし**ボルン**の**確率解釈**は、「量子の世界では、物体の位置などを、確率的にしか求められない」という含意をもちます。

▲ボルン。

これを認めると、ある意味、「超ミクロの世界には、古典論が通用しない」と認めることにもなってしまいます。この理論は、物理学に大きな衝撃を与えました。

実際には、「マクロな世界は古典論の法則が、ミクロな世界は量子論の法則が支配している」というわけではありません。原子以下のサイズから太陽や銀河系まで、**宇宙のすべてを量子論の物理法則が支配**しています。

しかし、原子以下の世界を相手にしない限り、古典論と量子論の差は、無視できるほどに小さいのです。現在も、マクロな現象には近似的に、古典論が用いられています。

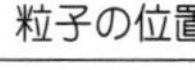
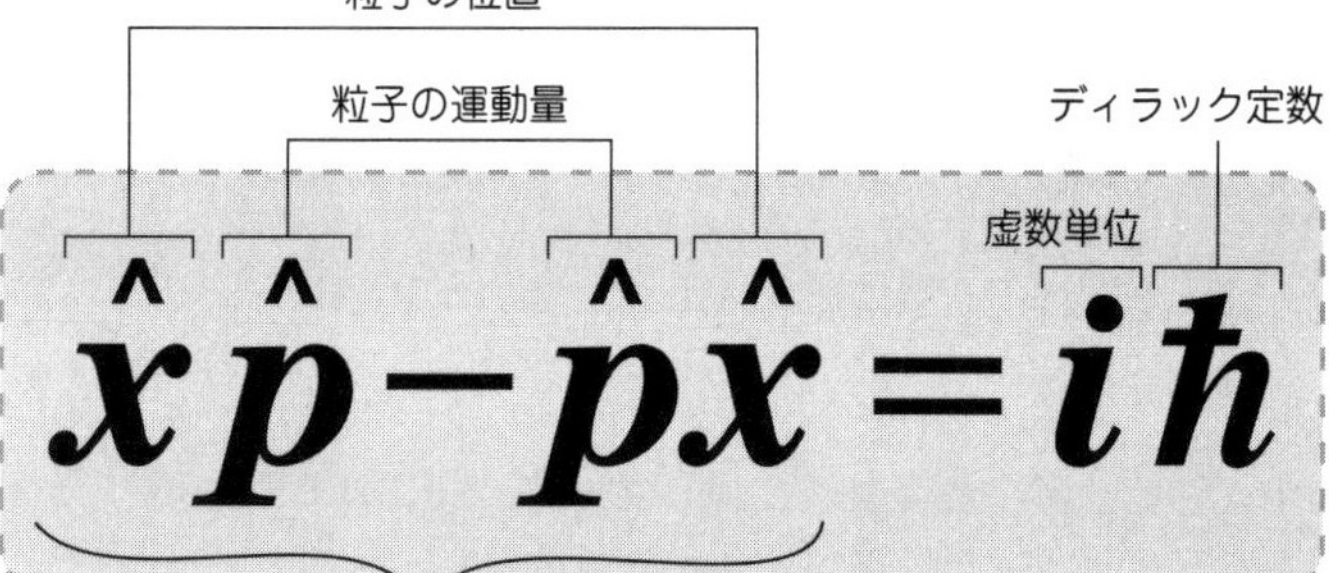

古典力学だと0になるが、量子力学の「q数」なので0にならない

▲「正準量子化」に用いられる「正準交換関係」。「微分すること」を表現する「微分演算子」を利用して、「量子サイズの粒子の、位置と運動量との間の関係」を定式化している。古典力学（解析力学）の「位置」と「運動量」を、上の関係式を満たす「微分演算子」に置き換えれば、古典論から量子論への変換（量子化）を行うことができる。

また古典論は、「量子論を類推する土台」にもなります。どういうことかというと、古典力学や古典電磁気学に手を加え、超ミクロの量子的な世界の現象にも使えるような形へと、いわば「改良」することができるのです。

古典論を量子力学でも使える形に変換することを、**量子化**といいます。量子化には、大きく分けて2種類の手法があります。

◆正準量子化

量子化のふたつの手法のうち、ひとつは**正準量子化**と呼ばれるものです。

ハイゼンベルクは、量子の奇妙な法則を表現するために、**「A×B」と「B×A」の値が違う**（**交換法則**が成り立たない）かけ算を

▲ディラック。

利用しました（213ページ参照）。イギリス出身の物理学者**ポール・ディラック**（1902～1984年）はこの考え方を発展させ、「量子の世界が、**交換法則が成り立たない数**でできている」ことを明らかにします。そのような数は、「量子の数」という意味で**q数**(quantum number) と名づけられました。

さらにディラックは、「量子サイズの粒子において、**位置**と**運動量**（質量×速度）との間に成立しなければならない関係」を、q数で表現することに成功しました。

位置と運動量は、物体の運動を扱う際にとても重要になる物理量であり、古典論の**解析力学**では**正準変数**と呼ばれます。マクロなスケールの古典力学における位置と運動量を、ディラックが発見した「量子サイズの粒子の、位置と運動量との間の関係」によって表現し直せば、超ミクロ世界の物体の運動をとらえられるようになります。

これが「正準量子化」です。ここに使われる、q数で表現された「量子サイズの粒子の、位置と運動量との関係」を、**正準交換関係**といいます（217ページの図を参照）。

q数は、具体的な値で直接的に表せない数であり（表せたら、「A×B」と「B×A」が等しくなってしまいます）、**微分演算子**という形で書かれます。微分演算子とは、「微分すること」を表現する記号です。正準量子化は、微分によって支えられる手法なのです。

◆ファインマンの経路積分

量子化のためのもうひとつの手法は、アメリカの物理学者**リチャード・ファインマン**（1918〜1988年）が考案した**経路積分**です。**変分原理**（152ページ参照）によって物体の運動の**経路**を求める解析力学の考え方を、量子論的に拡張するものです。

量子論では、粒子はさまざまな位置に同時に存在しうる（210ページ参照）ので、粒子の運動する経路も、解析力学とは違って無数にありえます。

▲ファインマン。

しかし、それらの経路を、**積分の手法を使って足し合わせる**と、粒子がもっている**波**としての性質によって**干渉**（163ページ参照）が起こり、多くの経路は「その経路をたどる確率」が消えてしまうのです。結局、「**作用**が最小になるような経路」を中心として、そのまわりにぼんやりと「この経路をたどることもありうる」という確率が残ることになります。

▼「経路積分」によって導き出される、粒子が運動する経路（の確率）のイメージ。1本の経路に確定せず、量子的な「ゆらぎ」をもっている。

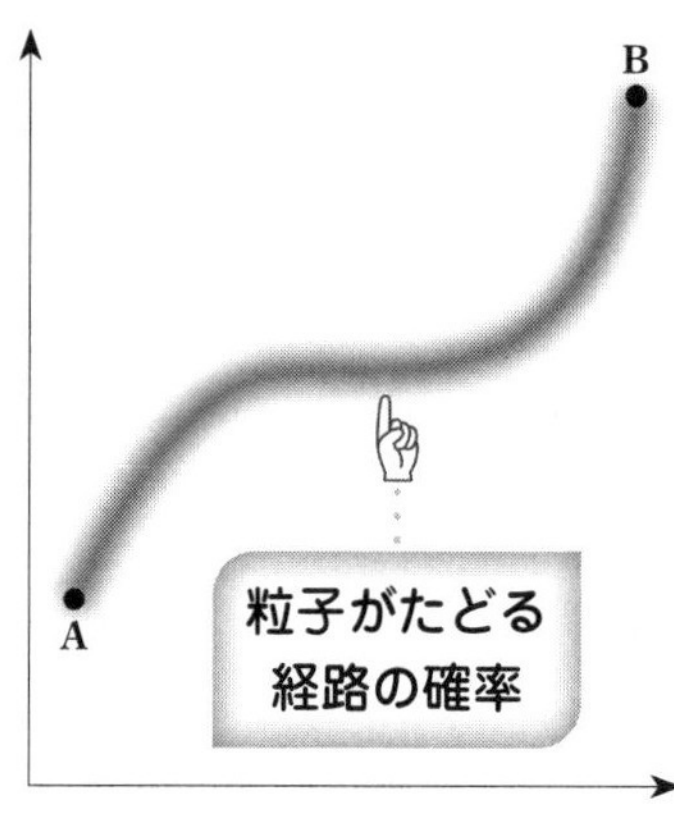

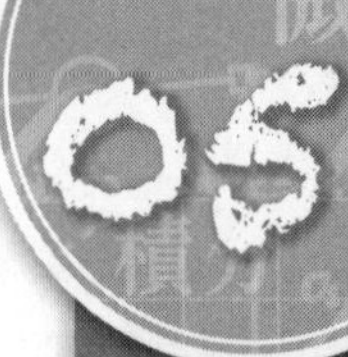

見えない法則も微分積分によってとらえられる！

宇宙のすべてを支配する数式

◆量子論から素粒子論へ

1920年代後半、**ハイゼンベルク**や**シュレーディンガー**、**ディラック**らによって、**量子力学**（212ページ参照）が確立されました。そこからさらに研究が進み、**素粒子論**が生まれます。

素粒子とは、量子の考え方を発展させた「最小単位」であり、物質を構成したり、さまざまな**力**（**相互作用**）を伝えたりします。

現代の最先端の物理学は、素粒子についての知見を体系化した**標準模型**と呼ばれる理論にもとづいています。

◆宇宙の法則を積分せよ

素粒子の標準模型には、宇宙にはたらくさまざまな力（相互作用）を説明する理論が含まれていますが、**重力**だけは、標準模型で説明することができません。現代物理学で重力を扱うときは、**アインシュタイン**の**一般相対性理論**（188ページ参照）が活躍します。

素粒子の標準模型と一般相対性理論の内容をひとつにまとめ、現在までの物理学によって明らかになったことを集約すると、左図のような数式になります。これはいわば、**宇宙のすべてを支配する数式**です。

作用　4次元時空での積分　重力

$$S=\int d^4x\,\sqrt{-\det G_{\mu\nu}(x)}\left[\frac{1}{16\pi G_N}\Big(R[G_{\mu\nu}(x)]-\Lambda\Big)-\frac{1}{4}\sum_{j=1}^{3}\mathrm{tr}\Big(F_{\mu\nu}^{(j)}(x)\Big)^2+\sum_f\overline{\psi}^{(f)}(x)\,i\not{D}\,\psi^{(f)}(x)+\Big|D_\mu\Phi(x)\Big|^2-V\big[\Phi(x)\big]+\sum_{g,h}\Big(y_{gh}\,\Phi(x)\,\overline{\psi}^{(g)}(x)\,\psi^{(h)}(x)+h.c.\Big)\right]$$

重力以外の相互作用

▲「素粒子の標準模型」と「一般相対性理論」を統合した数式。右辺の全体は積分の形になっており、「現在わかっている物理法則を、4次元時空で積分する」ことを意味する。後半では、素粒子や「ヒッグス場」（素粒子に質量を与える役割をもつ「場」）などが表現されているが、その詳細な説明はここでは割愛する。

左辺にある「S」は、**解析力学**にも用いられていた**作用**（152ページ参照）を意味します。微分積分を応用した**変分原理**によると、物体は「作用が最小になるような経路」を運動するのでした。それと同じで、宇宙は、上図の数式の**「作用が最小になるような状態」を実現**します。

そして、右辺の最初には、**積分**の記号が用いられています。これは、「時間と空間を合わせた4次元時空で、この積分を実行せよ」ということを意味します。

微分積分は、あらゆる「変化するもの」をとらえるための、強力な数学的方法です。宇宙の法則を探ろうとするときも、このツールは欠かせません。微分積分には、人類のロマンが詰まっているともいえるでしょう。

COLUMN 08

場の量子論と素粒子論

量子力学と**素粒子論**を結ぶ、とても重要な理論として、1920年代の終わりに生まれた**場の量子論**があります。**場の理論**(155ページ参照)を取り入れて、量子力学をグレードアップしたものです。

量子論には、光や電子が「波なのか、粒子なのか」という問いがありました。**波と粒子の二面性**(210ページ参照)です。これに対して、量子力学は結局、明確な答えを出せずにいました。

場の量子論は、驚くべき答えを出します。その基本発想は、「波または粒子が実在するのではなく、**場が振動することで、波や粒子のように見えるだけである**」というものです。

「空間が、量子的な細かさのマス目に分かれており、それぞれのマス目が振動できる」というイメージをもってみてください。振動が広い幅で連動すると、**波**のように見えます。また、ある区画が長時間、同じパターンで振動しつづけると、**粒子**のように見えます。

波も粒子も、場の振動だというわけです。とても明快ですが、私たちの体を作っている物質も、突き詰めると「場の振動」にすぎないことになり、信じられない(信じたくない)人もいるでしょう。しかし、現在の素粒子の標準模型も、場の量子論にもとづいています。素粒子も、場の振動であるようです。

そしてもちろん、場の量子論にも、微分積分の方法は用いられています。

❖ 主要参考文献 ❖

足立恒雄『無限の果てに何があるか』(KADOKAWA)
上垣渉『はじめて読む数学の歴史』(KADOKAWA)
大上丈彦監修『眠れなくなるほど面白い　図解　微分積分』(日本文芸社)
岡部恒治、長谷川愛美『図で考えれば解ける！　本当は面白い「微分・積分」』(青春出版社)
小倉悠司『小倉悠司のゼロから始める数学Ⅰ・A』(KADOKAWA)
科学雑学研究倶楽部編『相対性理論のすべてがわかる本』(学研)
科学雑学研究倶楽部編『物理のすべてがわかる本』(学研)
科学雑学研究倶楽部編『決定版　量子論のすべてがわかる本』(学研)
一石賢『道具としての相対性理論』(日本実業出版社)
岸野正剛『今日から使える物理数学』(講談社)
小島寛之『数学入門』(筑摩書房)
小谷太郎『数式なしでわかる相対性理論』(KADOKAWA)
小谷太郎『知れば知るほど面白い宇宙の謎』(三笠書房)
小林晋平『ブラックホールと時空の方程式』(森北出版)
小山慶太『高校世界史でわかる　科学史の核心』(NHK出版)
今野紀雄『微分積分　最高の教科書』(SBクリエイティブ)
佐々木力『数学史入門』(筑摩書房)
佐藤勝彦『相対性理論から100年でわかったこと』(PHP研究所)
佐藤勝彦『NHK「100分de名著」ブックス　アインシュタイン　相対性理論』(NHK出版)
高橋秀裕監修『ニュートン式超図解　最強に面白い!!　微分積分』(ニュートンプレス)
高橋正仁『微分積分学の誕生』(SBクリエイティブ)
竹内淳『高校数学でわかるマクスウェル方程式』(講談社)
竹内淳『高校数学でわかるフーリエ変換』(講談社)
チャート研究所『改訂版　チャート式　基礎からの数学Ⅱ＋B』(数研出版)
遠山啓『微分と積分［新版］――その思想と方法』(日本評論社)
西野友年『ゼロから学ぶ　解析力学』(講談社)
浜松芳夫『ベクトル解析の基礎から学ぶ電磁気学』(森北出版)
深川和久『ゼロからわかる微分・積分』(ベレ出版)
深川和久監修『イラスト図解　微分・積分』(日東書院)
吉田伸夫『思考の飛躍――アインシュタインの頭脳』(新潮社)
米沢富美子『人物で語る物理入門（上・下）』(岩波書店)
涌井良幸『高校生からわかるベクトル解析』(ベレ出版)
マンジット・クマール（青木薫訳）『量子革命』(新潮社)
Newtonライト『13歳からの量子論のきほん』(ニュートンプレス)
Newton別冊『微分と積分　新装版』(ニュートンプレス)
Newton別冊『量子論のすべて　新訂版』(ニュートンプレス)
ほか

❖ 写真協力 ❖
Pixabay
Freepik
Wikimedia Commons
写真 AC
イラスト AC
シルエット AC
シルエットデザイン

微分積分のすべてがわかる本

2020 年 9 月 4 日　第 1 刷発行

編集製作 ◉ ユニバーサル・パブリシング株式会社
デザイン ◉ ユニバーサル・パブリシング株式会社
編集協力 ◉ ジョシュア・バクスター／西海登／外山ゆひら／吉橋航也
イラスト ◉ 岩崎こたろう

編　　者 ◉ 科学雑学研究倶楽部
発 行 人 ◉ 松井謙介
編 集 人 ◉ 長崎　有
企画編集 ◉ 宍戸宏隆
発 行 所 ◉ 株式会社 ワン・パブリッシング
〒 141-0031　東京都品川区西五反田 2-11-8
印 刷 所 ◉ 岩岡印刷株式会社

この本に関する各種のお問い合わせ先
●本の内容については、下記サイトのお問い合わせフォームよりお願いします。
https://one-publishing.co.jp/contact
●在庫については　Tel 03-6431-1205（販売部直通）
●不良品（落丁、乱丁）については　Tel 0570-092555
業務センター
〒 354-0045　埼玉県入間郡三芳町上富 279-1